**ISW 26**

Berichte aus dem Institut für Steuerungstechnik
der Werkzeugmaschinen und Fertigungseinrichtungen
der Universität Stuttgart

Herausgegeben von Prof. Dr.-Ing. G. Stute

L. SCHENKE

# Auslegung einer technologisch-geometrischen Grenzregelung für die Fräsbearbeitung

Springer-Verlag Berlin Heidelberg GmbH 1979

D 93

Mit 46 Abbildungen

ISBN 978-3-540-09222-3          ISBN 978-3-662-30384-9 (eBook)
DOI 10.1007/978-3-662-30384-9

## Vorwort des Herausgebers

Das Institut für Steuerungstechnik der Werkzeugmaschinen und Fertigungseinrichtungen der Universität Stuttgart befaßt sich mit den neuen Entwicklungen der Werkzeugmaschine und anderen Fertigungseinrichtungen, die insbesondere durch den erhöhten Anteil der Steuerungstechnik an den Gesamtanlagen gekennzeichnet sind. Dabei stehen die numerisch gesteuerte Werkzeugmaschine in Programmierung, Steuerung, Konstruktion und Arbeitseinsatz sowie die vermehrte Verwendung des Digitalrechners in Konstruktion und Fertigung im Vordergrund des Interesses.

Im Rahmen dieser Buchreihe sollen in zwangloser Folge drei bis fünf Berichte pro Jahr erscheinen, in welchen über einzelne Forschungsarbeiten berichtet wird. Vorzugsweise kommen hierbei Forschungsergebnisse, Dissertationen, Vorlesungsmanuskripte und Seminarausarbeitungen zur Veröffentlichung.

Diese Berichte sollen dem in der Praxis stehenden Ingenieur zur Weiterbildung dienen und helfen, Aufgaben auf diesem Gebiet der Steuerungstechnik zu lösen. Der Studierende kann mit diesen Berichten sein Wissen vertiefen.

Unter dem Gesichtspunkt einer schnellen und kostengünstigen Drucklegung wird auf besondere Ausstattung verzichtet und die Buchreihe im Fotodruck hergestellt.

Der Herausgeber dankt dem Springer-Verlag für Hinweise zur äußeren Gestaltung und Übernahme des Buchvertriebs.


Stuttgart, im Februar 1972

Gottfried Stute

## Inhaltsverzeichnis

Schrifttum

/1/  VDI-Richtlinie     Numerisch gesteuerte Arbeitsmaschinen.
     Nr. 3426           Adaptive Control an spanenden Werk-
                        zeugmaschinen. Sept. 1974.

/2/  Stute, G.          Adaptive Control bei Werkzeugmaschinen.
     Maier, K.          VDW-Forschungsbericht Nr. 1004, 1972.
     Schenke, L.

/3/  Autorenkollektiv   ACO-Regelungen für Fräsmaschinen.
                        Forschungsbericht KFK-PDV 83,
                        Gesellschaft für Kernforschung,
                        Karlsruhe, September 1976.

/4/  Pritschow, G.      Ein Beitrag zur technologischen Grenz-
                        regelung bei der Drehbearbeitung.
                        Techn. Univ. Berlin, Dr.-Ing.-Diss.,
                        1973.

/5/  Gieseke, E.        Adaptive Grenzregelung mit selbsttä-
                        tiger Schnittaufteilung für die Dreh-
                        bearbeitung. Aachen, Techn. Hochsch.,
                        Dr.-Ing.-Diss., 1973.

/6/  Stute, G.          Eine Adaptive-Control-Einrichtung für
     Augsten, G.        Drehmaschinen. wt.-Z. ind. Fertig. 62
                        (1972) 9, S. 528...532.

/7/  Stute, G.          Anwendung adaptiver Systeme bei spa-
     Götz, F.-R.        nenden Werkzeugmaschinen. Vorabdruck
                        der Beiträge zu "Industrielle Anwen-
                        dung adaptiver Systeme". Düsseldorf:
                        VDI-VDE-Ges. f. Regelungstechnik, 1973.

/8/  Maier, K.          Beitrag zur Auslegung und Bewertung
                        von Grenzregelungen an spanenden Werk-
                        zeugmaschinen. Berlin/Heidelberg:
                        Springer-Verlag, 1974.

/9/  Autorenkollektiv   Fortschrittliche Produktionstechnik.
                        Ziele-Wege-Erfahrungen. Berichte zum
                        15. Aachener Werkzeugmaschinenkollo-
                        quium. Ind.-Anz. 96 (1974), S. 1696
                        ...1710.

/10/ Wladika, W.        Fräsen von Turbinenschaufeln mit Hilfe
                        von Adaptive Control. Werkstatt und
                        Betrieb 106 (1973), S. 1...3.

/11/ Abraham, R.        Die Entwicklung einer Adaptiv-Steu-
                        erung. Technica 24 (1975) 8, S. 519
                        ...522.

/12/ Stute, G.      Adaptive Control bei Werkzeugmaschi-
     Schenke, L.    nen. VDW-Forschungsbericht Nr. 2551,
                    1975.

/13/ Müller, W.     Ein Beitrag zur Entwicklung von Sen-
                    soren für Adaptive Regelungssysteme
                    bei spanenden Werkzeugmaschinen.
                    Aachen, Techn. Hochsch., Dr.-Ing.-
                    Diss., 1976.

/14/ N.N.           Functional Description of the MAC I
                    Adaptive Control System for Milling
                    Machines. Firmenschrift der Macotech
                    Corporation Seattle, Washington (USA),
                    Nov. 1972.

/15/ Schenke, L.    Technologische und geometrische Grenz-
                    regelung für das Fräsen mit Schaftfrä-
                    sern. HGF-Kurzberichte (Loseblatt-
                    sammlung) Blatt 76/69. Essen: Girar-
                    det-Verlag 1976.

/16/ Schröder, K.H. Ursachen der Fertigungsungenauigkei-
                    ten und deren Auswirkungen beim
                    Schaftfräsen. Aachen, Techn. Hochsch.,
                    Dr.-Ing.-Diss., 1974.

/17/ Peithmann, L.  Schnittkraft- und Schwingungsuntersu-
                    chungen an Schaftfräsern zum Ausfrä-
                    sen von Hohlformen. Werkstattechnik
                    u. Maschinenbau 45 (1955) 5, S. 202
                    ...210.

/18/ Stute, G.      Adaptive Control bei Werkzeugmaschi-
     Klingler, O.   nen. ACC mit NC, Kontur- und Taschen-
     Schenke, L.    bearbeitung. VDW-Forschungsbericht,
                    Veröffentlichung 1978.

/19/ Glattfelder, A.H. Regelungssysteme mit Begrenzungen.
                    München, Wien: Oldenbourg-Verlag 1974.

/20/ Mathias, R.A.  An ADAPTIVE CONTROLLED MILLING MACHINE.
                    SME paper No. MS 76-260.

/21/ Haferkorn, P.  Einsatz des adaptiven Regelsystems
     Scholta, E.    ACEMA bei der Senkrecht-Kreuzschiebe-
     Smejkal, E.    tisch-Fräsmaschine. FKrS500 AC. WMW/
                    VEB-Druckschrift III-6-80 KG-2/22/72.

/22/ Stute, G.      Die Lageregelung an Werkzeugmaschinen.
     et al          Inst. f. Steuerungstechnik der Werk-
                    zeugmaschinen und Fertigungseinrich-
                    tungen. Stuttgart: ISW-Selbstverlag,
                    1975.

- 9 -

/23/ Ulrich, P.      Adaptive Regeleinrichtungen an spanenden Werkzeugmaschinen aus regelungstechnischer Sicht. Fert.technik u. Betrieb 21 (1971) 10, S. 599...603.

/24/ Kronenberg      Grundzüge der Zerspanungslehre. Bd. III. Berlin, Heidelberg, New York: Springer-Verlag 1969.

/25/ Klingler, O.      Beitrag zur Steuerung spanender Werkzeugmaschinen mit Hilfe von Grenzregeleinrichtungen (ACC). Stuttgart, Univ., eingereichte Dr.-Ing.-Diss., 1978.

/26/ Augsten, G.    Anwendung einer ACC-Einrichtung beim
       Schenke, L.    Fräsen. Werkstattstechnik 66 (1976) 9, S. 523...529.

/27/ Götz, F.-R.      Regelsystem mit Modellrückkoppelung für variable Streckenverstärkung. Anwendung bei Grenzregelungen an spanenden Werkzeugmaschinen. Berlin, Heidelberg, New York: Springer-Verlag 1977.

/28/ Götz, F.-R.    Aufbau und Einsatz einer Grenzrege-
       Schenke, L.    lung für die Fräsbearbeitung. HGF-Kurzberichte (Loseblattsammlung) Blatt 76/32. Essen: Girardet-Verlag 1976.

/29/ Schenke, L.      Adaptive Control für die Fräsbearbeitung - Aufbau und Einsatz einer Maximalwertspeichereinrichtung. HGF-Kurzberichte (Loseblattsammlung) Blatt 74/84. Essen: Girardet-Verlag 1974.

/30/ Berger, H.      Automatische Schnittwertermittlung für die Fräs- und Bohrbearbeitung im Hinblick auf ein Informationssystem für Zerspanungsdaten. Aachen, Techn. Hochsch., Dr.-Ing.-Diss., 1970.

## Formelzeichen und Abkürzungen

### Formelzeichen

| | |
|---|---|
| $a$ | Schnittiefe |
| $b_z$ | Umfangsteilung des Fräsers |
| $C_{Mot}$ | Maschinenkonstante |
| $D$ | Fräserdurchmesser |
| $D_A$ | Dämpfungsgrad des Vorschubantriebs als P-$T_2$-Glied |
| $D_F$ | Dämpfungsgrad des Fräsprozesses als P-$T_2$-Glied |
| $D_M$ | Dämpfungsgrad von Maschine/Meßeinrichtung als P-$T_2$-Glied |
| $e$ | Eingriffsgröße |
| $f$ | Frequenz |
| $f_{Sp}$ | Frässpindeldrehfrequenz |
| $f_z$ | Zahneingriffsfrequenz |
| $F_A$ | Fräserabdrängkraft |
| $F_{Aj}$ | Abdrängkraft der j-ten Schneide |
| $F_{BS}(p)$ | Übertragungsfunktion der Stelleinrichtung "Bahnsteuerung" |
| $F_{Dj}$ | Drangkraft der j-ten Schneide |
| $F(p)$ | Übertragungsfunktion |
| $F_L(p)$ | Übertragungsfunktion eines Lageregelkrieses |
| $F_{Sj}$ | Schnittkraft der j-ten Schneide |
| $F_{St}$ | Stützkraft |
| $F_{Stj}$ | Stützkraft der j-ten Schneide |
| $F_{sz}(p)$ | Übertragungsfunktion der Übertragungsstrecke Vorschubgeschwindigkeit ... Zahnvorschub |
| $F_V$ | Vorschubkraft |
| $F_{Vj}$ | Vorschubkraft der j-ten Schneide |
| $F_x$ | Abdrängkraft in x-Richtung |
| $F_y$ | Abdrängkraft in y-Richtung |
| $i$ | Getriebeübersetzung |
| $I_{Mot}$ | Motorstrom |
| $j$ | Zählindex |
| $k_D$ | spezifische Drangkraft |
| $k_S$ | spezifische Schnittkraft |

| | |
|---|---|
| $K$ | frequenzproportionaler Faktor |
| $K_{BS}$ | Verstärkungsfaktor der Stelleinrichtung "Bahnsteuerung" |
| $K_F$ | Gesamtverstärkung des Fräsprozesses |
| $K_{F1}$ | Verstärkung der Übertragungsstrecke Ist-Bahngeschwindigkeit ... Ist-Vorschubgeschwindigkeit |
| $K_{F2}$ | Verstärkung der Übertragungsstrecke Ist-Vorschubgeschwindigkeit ... Zahnvorschub |
| $K_{F3}$ | Verstärkung der "Schnittmomentstrecke" |
| $K_{M1}$ | Verstärkung der Übertragungsstrecke Ist-Schnittmoment ... Schnittmoment-Ersatzregelgröße |
| $K_{M2}$ | Verstärkung der Übertragungsstrecke Fräserabdrängkraft ... Fräserbiegemoment-Ersatzregelgröße |
| $K_S$ | Streckenverstärkung |
| $K_{S0}$ | Streckenverstärkung vor Verstärkungssprung |
| $K_{S1}$ | Streckenverstärkung nach Verstärkungssprung |
| $K_V$ | Geschwindigkeitsverstärkung |
| $l$ | Bearbeitungslänge |
| $l_A$ | Fräser-Auskraglänge |
| $l_M$ | Abstand Meßstelle-Werkzeugauskragende |
| $M_B$ | Fräserbiegemoment an Einspannstelle |
| $M_{B1}$, $M_{B2}$ | Biegemomentkomponenten des Meßspannfutters in Meßrichtung 1 und 2 |
| $M_{B,i}$ | Ist-Fräserbiegemoment |
| $M'_{B,i}$ | Fräserbiegemoment-Ersatzregelgröße |
| $M_{B,max}$ | maximal zulässiges Fräserbiegemoment |
| $M_{B,s}$ | Soll-Fräserbiegemoment |
| $M_{BSt}$ | Fräserbiegemoment in Stützrichtung |
| $M_{BSt,i}$ | Ist-Fräserbiegemoment in Stützrichtung |
| $M'_{BSt,i}$ | Ersatzregelgröße des Fräserbiegemoments in Stützrichtung |
| $M_{BSt,max}$ | maximal zulässiges Fräserbiegemoment in Stützrichtung |
| $M_{BSt,s}$ | Soll-Fräserbiegemoment in Stützrichtung |
| $M_{BV}$ | Fräserbiegemoment in Vorschubrichtung |
| $M_{Bx}$ | Biegemoment des Meßspannfutters in x-Richtung |
| $M_{By}$ | Biegemoment des Meßspannfutters in y-Richtung |

| | |
|---|---|
| $M_{Mot}$ | Motormoment |
| $M_S$ | Schnittmoment |
| $M_{S,i}$ | Ist-Schnittmoment |
| $M'_{S,i}$ | Schnittmoment-Ersatzregelgröße |
| $M_{S,s}$ | Soll-Schnittmoment |
| $M_{Sp}$ | Frässpindelbiegemoment |
| $M_{Sp,St}$ | Frässpindelbiegemoment in Stützrichtung |
| $M_{Sp,x}$ | Frässpindelbiegemoment in x-Richtung |
| $M^*_{Sp,x}$ | Meßgröße Frässpindelbiegemoment in x-Richtung |
| $M_{Sp,y}$ | Frässpindelbiegemoment in y-Richtung |
| $M^*_{Sp,y}$ | Meßgröße Frässpindelbiegemoment in y-Richtung |
| $M_t$ | Torsionsmoment |
| $M^*_t$ | nicht korrigiertes Drehmoment-Meßsignal |
| $M_V$ | Verlustmoment |
| $n$ | Zählvariable |
| $n_{Mot}$ | Motordrehzahl |
| $n_{Mot,s}$ | Soll-Motordrehzahl |
| $n_{Sp}$ | Frässpindeldrehzahl |
| $n_{Sp,A}$ | Frässpindeldrehzahl in bearbeitungsfreien Zonen |
| $n_{Sp,max}$ | maximale Frässpindeldrehzahl |
| $n_{Sp,min}$ | minimale Frässpindeldrehzahl |
| $n_{Sp,nom}$ | Nominalwert der Frässpindeldrehzahl |
| $p$ | komplexe Variable |
| $r$ | Werkzeugradius |
| $R$ | Bahnkrümmungsradius |
| $s_z$ | Zahnvorschub |
| $s'_z$ | Zahnvorschub |
| $s''_z$ | Zahnvorschub |
| $s_{z,A}$ | Zahnvorschub beim Anschnitt |
| $s_{z,max}$ | maximal zulässiger Zahnvorschub |
| $s_{z,min}$ | minimal zulässiger Zahnvorschub |
| $t$ | Zeit |
| $t_1,\ t_2$ | Zeitpunkte |
| $t_A$ | Ablösezeitpunkt |
| $t_H$ | Hauptzeit |
| $T$ | Zeitkonstante |
| $T_+$ | Zeitkonstante des nichtlinearen Verzögerungsgliedes |

| | |
|---|---|
| $T_-$ | Zeitkonstante des nichtlinearen Verzögerungsgliedes |
| $T_{BS}$ | Zeitkonstante der Stelleinrichtung "Bahnsteuerung" als $P\text{-}T_1$-Glied |
| $T_M$ | Zeitkonstante von Maschine/Meßeinrichtung |
| $T_{Mod}$ | Modellzeitkonstante |
| $T_{N_+}$ | Zeitkonstante des nichtlinearen Verzögerungsgliedes bei ansteigendem Eingangssignal |
| $T_{N_-}$ | Zeitkonstante des nichtlinearen Verzögerungsgliedes bei abfallendem Eingangssignal |
| $T_S$ | Periodendauer |
| $T_{Sp}$ | Frässpindelumdrehungszeit |
| $T_z$ | Periodendauer des Zahneingriffs |
| $u$ | Vorschubgeschwindigkeit |
| $u_A$ | Anfahrvorschubgeschwindigkeit |
| $u_{B,i}$ | Ist-Bahngeschwindigkeit |
| $u_{B,s}$ | Soll-Bahngeschwindigkeit |
| $u_i$ | Ist-Vorschubgeschwindigkeit |
| $u_{max}$ | maximal zulässige Vorschubgeschwindigkeit |
| $u_{min}$ | minimal zulässige Vorschubgeschwindigkeit |
| $u_R$ | Reglerausgangssignal |
| $u_R^*$ | Eingangssignal der Minimalwertspeichereinrichtung |
| $u_s$ | Soll-Vorschubgeschwindigkeit |
| $u_x$ | Vorschubgeschwindigkeit in x-Richtung |
| $u_{x,i}$ | Ist-Vorschubgeschwindigkeit in x-Richtung |
| $u_y$ | Vorschubgeschwindigkeit in y-Richtung |
| $u_{y,i}$ | Ist-Vorschubgeschwindigkeit in y-Richtung |
| $U$ | Spannung |
| $v$ | Schnittgeschwindigkeit |
| $w$ | Führungsgröße |
| $w_1,\ w_2,\ w_3$ | Führungsgrößen |
| $x$ | Koordinatenachse |
| $x_a$ | Ausgangssignal |
| $\bar{x}_a$ | Mittelwert des Ausgangssignals $x_a$ |
| $x_{aSS}$ | Schwingungsbreite des Ausgangssignals $x_a$ |
| $x_A$ | Ausgangssignal des Speichergliedes A |
| $x_B$ | Ausgangssignal des Speichergliedes B |

| | |
|---|---|
| $x_e$ | Eingangssignal |
| $x_{e1}$, $x_{e2}$ | Eingangssignale |
| $\bar{x}_e$ | Mittelwert des Eingangssignals $x_e$ |
| $\hat{x}_e$ | Amplitude bei sinusförmig sich änderndem Eingangssignal $x_e$ |
| $x_i$ | Lage-Istwert in x-Richtung |
| $x_M$ | Ausgangsgröße des Modells |
| $x_{M1}$, $x_{M2}$ | Ausgangsgröße der Modelle $M_1$ und $M_2$ |
| $x_0$ | Mittelwertverschiebung |
| $x_{RS}$ | Prozeßkenngröße |
| $x_{RS1}$, $x_{RS2}$, $x_{RS3}$ | Prozeßkenngrößen |
| $x_s$ | Lagesollwert in x-Richtung |
| $y$ | Stellgröße, Koordinatenachse |
| $y_1$, $y_2$ | Stellgrößen |
| $z$ | Störgröße, Koordinatenachse |
| $z_1$, $z_2$ | Störgrößen |
| $z_{iE}$ | Zahneingriffszahl |
| $z_S$ | Zahl der Werkzeugschneiden |
| | |
| $\alpha$ | Bahnrichtungswinkel, Korrekturfaktor |
| $\beta$ | Korrekturfaktor |
| $\vartheta$ | Winkellage des Meßspannfutter-Meßkoordinatensystems im Maschinenkoordinatensystem |
| $\delta$ | Abdrängung des Fräswerkzeugs |
| $\delta_{max}$ | maximal zulässige Fräserabdrängung |
| $\delta_{Sp}$ | Frässpindelabdrängung |
| $\delta_{St}$ | Fräserabdrängung in Stützrichtung |
| $\delta_{St,max}$ | maximal zulässige Fräserabdrängung in Stützrichtung |
| $\delta_V$ | Fräserabdrängung in Vorschubrichtung |
| $\delta_x$, $\delta_y$ | Fräserabdrängung in x- und y-Richtung |
| $\lambda$ | Neigungswinkel der Schaftfräserschneiden |
| $\xi$ | Verhältnis spezifische Drangkraft zu spezifische Schnittkraft |

| | |
|---|---|
| $\varsigma$ | Abstand Werkzeugschneide-Bahnkrümmungsmittelpunkt |
| $\varphi$ | Drehwinkel |
| $\varphi_j$ | Stellungswinkel der j-ten Schneide |
| $\varphi_S$ | Schnittbogenwinkel |
| $\omega$ | Kreisfrequenz |
| $\omega_{0A}$ | Kennkreisfrequenz des Vorschubantriebs als $P\text{-}T_2$-Glied |
| $\omega_{0F}$ | Kennkreisfrequenz des Fräsprozesses als $P\text{-}T_2$-Glied |
| $\omega'_{0F}$ | Kennkreisfrequenz des Fräsprozeßmodells bei Fehleinstellung |
| $\omega_{0M}$ | Kennkreisfrequenz von Maschine/Meßeinrichtung als $P\text{-}T_1$- oder $P\text{-}T_2$-Glied |

## Abkürzungen

| | |
|---|---|
| AC | Adaptive Control |
| ACC | Adaptive Control Constraint (Technologische Grenzregelung) |
| ACG | Geometrische Grenzregelung |
| ACC/ACG | Technologisch-Geometrische Grenzregelung |
| ACO | Adaptive Control Optimization (Optimierregelung) |
| BM | Bahnkrümmungsmittelpunkt |
| DMS | Dehnungsmeßstreifen |
| LR | Lageregelkreis |
| M | Streckenmodell |
| $M_1$, $M_2$, $M_3$ | Streckenmodelle |
| Min | Minimalwertauswahlelement |
| $Min_1$, $Min_2$ | Minimalwertauswahlelemente |
| N | Steuerglied |
| $N_1$, $N_2$ | Steuerglieder |
| NC | Numerical Control |
| R | Regler |
| S | Regelstrecke |
| $S_1$, $S_2$ | Regelstrecken |
| VA | Vorschubantrieb |

# 1 Einleitung und Problemstellung

## 1.1 Einleitung

Adaptive Control (AC)-Einrichtungen an spanenden Werkzeugmaschinen sind Regeleinrichtungen, die den Ablauf des Spanungsvorgangs selbsttätig überwachen und nach einer vorgegebenen Strategie die Schnittwerte so beeinflussen, daß trotz
des Einwirkens vorab nicht bekannter und zeitlich veränderlicher Störgrößen - wie Änderungen des Spanungsverhaltens
oder unterschiedliche Werkstückrohteilgeometrie - das her-
zustellende Werkstück unter Einhaltung geforderter Randbe-
dingungen - wie zum Beispiel Oberflächengüte und Maßhaltig-
keit - sowie unter Ausnutzung der technischen Leistungsfähigkeit der Werkzeug-Maschinengegebenheiten (zulässige
Kräfte, Momente, Leistungen, Drehzahlen) möglichst kosten-
günstig gefertigt wird /1,2/.

AC-Einrichtungen werden unterteilt in Optimierregelungen
(Adaptive Control Optimization, ACO) und Grenzregelungen
(Adaptive Control Constraint, ACC) /1/. ACO-Einrichtungen
sind aufwendigere Systeme, deren Ziel ein optimaler Ablauf
des Spanungsvorgangs im Sinne einer Kosten- oder Zeitrech-
nung ist /3/.

Nach wie vor konzentriert sich das Interesse auf die Einführung von einfacheren Grenzregelungen, die durch bessere
Auslastung von Werkzeug und Maschine zu einer Verkürzung der
Haupt- und Nebenzeiten, zur Überwachung und Sicherung von
Werkzeug, Werkstück, Maschine und Spanneinrichtung vor Überlastung und zur Vereinfachung der Arbeitsvorbereitung beitragen können. Grenzregelungen dieser Art werden auch als
technologische Grenzregelungen bezeichnet (ACC) /1/.

Grenzregelungen, die zur Einhaltung einer geforderten Maß-
und Formgenauigkeit am Werkstück beitragen, zählen dagegen
zu den geometrischen Grenzregelungen (ACG).

Der Schwerpunkt der Entwicklung und Untersuchung von AC-Ein-

richtungen lag bisher auf dem Gebiet des Drehens /4,5,6,7,
8/. Die Entwicklung von AC-Systemen für die Fräsbearbeitung
verlief dagegen deutlich zögernder /9/.

Die Ursachen hierfür sind die größeren meßtechnischen Proble-
me, bedingt durch die rotierende Hauptbewegung der Frässpin-
del, und die komplizierteren Bearbeitungsverhältnisse beim
Fräsen. Die Vielfalt von Werkzeugen, Werkstückformen und
Fräsverfahren erschweren den Aufbau einer unabhängig von
Werkzeug, Werkstück und Maschine einsetzbaren AC-Einrichtung.
Hinzu kommt, daß der Spanungsprozeß ein regelungstechnisch
schwierig zu beherrschender Teil der Regelstrecke ist, da
sich dessen statisches und dynamisches Verhalten in weiten
Grenzen ändern kann. Es verwundert daher nicht, daß in der
Praxis nur wenige Grenzregelungen für die Fräsbearbeitung
zu finden sind /10,11/.

Die auf dem Gebiet des Fräsens durchgeführten Untersuchungen
hinsichtlich des Einsatzes von Grenzregelungen konzentrier-
ten sich vorwiegend auf das Bearbeitungsverfahren Stirnfrä-
sen mit Messerköpfen /3,8,9,12,13/. In bisher nur geringem
Maße wurde bei der Anwendung einer Grenzregelung das Fräsen
mit Schaftfräsern mit in die Betrachtung einbezogen /14,15,
18/.

In dieser Arbeit wird deshalb versucht, eine Grenzregelung
zu entwickeln, deren Anwendungsbereich sich sowohl auf das
Fräsen mit Messerköpfen als auch auf das Fräsen mit Schaftfräsern erstreckt.

## 1.2 Problemstellung

Für das Fräsen ebener Flächen werden bevorzugt hartmetall-
bestückte Planfräsköpfe (Messerköpfe) eingesetzt. Mit ihnen
lassen sich hohe Spanungsleistungen und kurze Bearbeitungszeiten erzielen. Die erreichbaren maximalen Spanungsleistungen sind oft durch die Auslastungsgrenzen der Fräsmaschine
- wie Frässpindeldrehmoment oder Antriebsleistung - bestimmt.
Zur besseren Leistungsausnutzung und zur Sicherung der Maschine vor Überlastung ist es zweckmäßig, die Belastungskenngrößen Schnittmoment und Schnittleistung mit einer ACC-Einrichtung auf den von der Maschine vorgegebenen Grenzwerten
zu halten /12/.

Beim Kontur- und Taschenfräsen mit bahngesteuerten NC-Fräs-
maschinen oder auch bei der Herstellung von Frästeilen auf
Nachform-Fräsmaschinen ist der Schaftfräser ein wichtiges,
viel eingesetztes Fräswerkzeug. Der Schaftfräser ist aufgrund seiner auskragenden Einspannung oft das schwächste der
im Kraftfluß liegenden Systemelemente des Bearbeitungssy-
stems Werkzeug/Maschine/Werkstück und damit der schnittwert-
bestimmende Teil /16,17/. Die Spanungskräfte belasten einen
Schaftfräser hauptsächlich auf Torsion und Biegung. Die an
der Fräser-Einspannstelle übertragbare Biegebeanspruchung
bildet häufig die Grenze für die erzielbare Spanungsleistung
/17/. Bild 1-1, links zeigt die von der Fräserabdrängkraft
$F_A$ an der Werkzeug-Einspannstelle erzeugten Biegemomentkomponenten in Vorschub- bzw. Stützrichtung $M_{BV}$ und $M_{BSt}$. Da
es aufgrund der komplizierten Eingriffsverhältnisse beim
Fräsen schwierig ist, die Schnitt- und Biegemomentbelastung
einander zuzuordnen, kommt der Erfassung und Überwachung der
Biegemomentbelastung des Schaftfräsers neben der Kenntnis
der Belastungskenngrößen Schnittmoment und Schnittleistung
erhöhte Bedeutung zu.

Die Spanungskräfte verformen Werkzeug, Werkstück und Maschine aufgrund ihrer Nachgiebigkeit. Daraus entstehen am Werk-

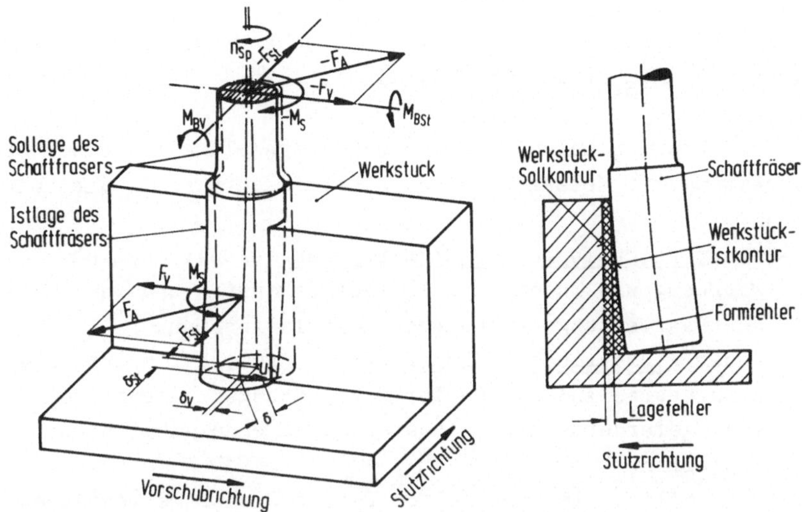


**Bild 1-1:** Abdrängung des Schaftfräswerkzeugs beim Spanungsvorgang

stück Bearbeitungsfehler, die sich aus Maß-, Lage- und Formabweichungen zusammensetzen. Beim Fräsen mit Schaftfräsern ist vor allem das Fräswerkzeug für das Entstehen von Bearbeitungsfehlern verantwortlich. Die Schaftfräserspitze wird bei der Fräsbearbeitung in Vorschubrichtung um $\delta_V$ und in Stützrichtung um $\delta_{St}$ abgedrängt (**Bild 1-1, links**). Die für die Bearbeitungsgenauigkeit maßgebende Abdrängkomponente ist die Abdrängung in Stützrichtung $\delta_{St}$. Die aufgrund der Werkzeugabdrängung am Werkstück entstehenden statischen Lage- und Formabweichungen zeigt Bild 1-1, rechts.

Die Forderung nach möglichst hoher Auslastung von Werkzeug und Maschine hat u.U. unzulässig große Abweichungen in der Maß- und Formgenauigkeit des Frästeils zur Folge, weil die spanungskraftbedingten elastischen Verformungen und Verlagerungen am Werkzeug oder am Werkstück ebenfalls anwachsen. Aus diesem Grunde ist zur Gewährleistung einer Mindestbearbeitungsgenauigkeit beim Fräsen mit Schaftfräsern eine Kontrolle und Begrenzung der in Stützrichtung entstehenden Abdrängkraft $F_{St}$ bzw. der damit zusammenhängenden Biegemomentkomponenten $M_{BSt}$ (s. Bild 1-1, links) erforderlich.

Die Ausführungen zeigen, daß eine Grenzregelung für die Fräsbearbeitung mit Messerkopf- und Schaftfräsern somit die Funktionen

- einer <u>technologischen Grenzregelung</u> (ACC), nämlich Werkzeug und Maschine bei nicht bekannten und wechselnden Bearbeitungsbedingungen auszulasten, und
- einer <u>geometrischen Grenzregelung</u> (ACG), bei nicht vorhersehbaren Änderungen der Bearbeitungsgegebenheiten eine geforderte Mindestbearbeitungsgenauigkeit sicherzustellen,

erfüllen sollte. Die Kombination beider Grenzregelverfahren ist eine technologisch-geometrische Grenzregelung (ACC/ACG).

Die bei der Prozeßführung mittels der ACC/ACG-Einrichtung zu kontrollierenden Prozeßkenngrößen sind beim Messerkopffräsen

- das Schnittmoment und die Schnittleistung als Maß für die Maschinenauslastung und Leistungsausnutzung

und beim Fräsen mit Schaftfräsern zusätzlich

- das Fräserbiegemoment als Maß für die Werkzeugbeanspruchung, sowie
- die Biegemomentkomponente in Stützrichtung als Maß für die Bearbeitungsgenauigkeit.

## 2 Stand der Technik

Anhand einer Übersicht über aus der Literatur bekannte Grenzregelungen ist zu prüfen, welche dieser Grenzregelungstypen
für die Überwachung und Begrenzung der in Abschnitt 1.2 angegebenen Prozeßkenngrößen in Frage kommt.

**Bild 1-2** gibt eine Zusammenfassung der gängigsten Grenzregelungstypen wieder.

Gemeinsames Merkmal der Grenzregelungstypen ① bis ④ ist die
Verwendung einer Stellgröße.

Die aus steuerungstechnischer und technologischer Sicht
wichtigste Stellgröße zur Beeinflussung der statischen Auslastung von Werkzeug, Maschine und Werkstück während des Bearbeitungsvorgangs ist die Vorschubgeschwindigkeit u /8/.
Die Vorzüge der Stellgröße Vorschubgeschwindigkeit sind:
- stetig und reaktionsschnell verstellbar,
- kein Eingriff in die Geometriedatenverarbeitung der
  Werkzeugmaschinensteuerung notwendig (erforderlich
  beim Einsatz der Schnittiefe oder der Eingriffsgröße
  als Stellgrößen /3/),
- geringer Aufwand bei der Koppelung der AC-Einrichtung
  mit der Werkzeugmaschinensteuerung /18/,
- Änderungen von u wirken sich geringer auf Werkzeugver-
  schleiß aus als Änderungen der Frässpindeldrehzahl als
  weitere mögliche Stellgröße /3/.

In dieser Arbeit soll ebenfalls nur die Vorschubgeschwindigkeit als Stellgröße zur Regelung der Prozeßkenngrößen verwendet werden. Damit entfällt der Grenzregelungstyp ⑤ in
Bild 1-2 als **mögliche** Lösung. In /2/ sind Beispiele für
Grenzregelungen dieses Typs beschrieben.

Am einfachsten aufgebaut sind Grenzregelungen vom Typ ①.

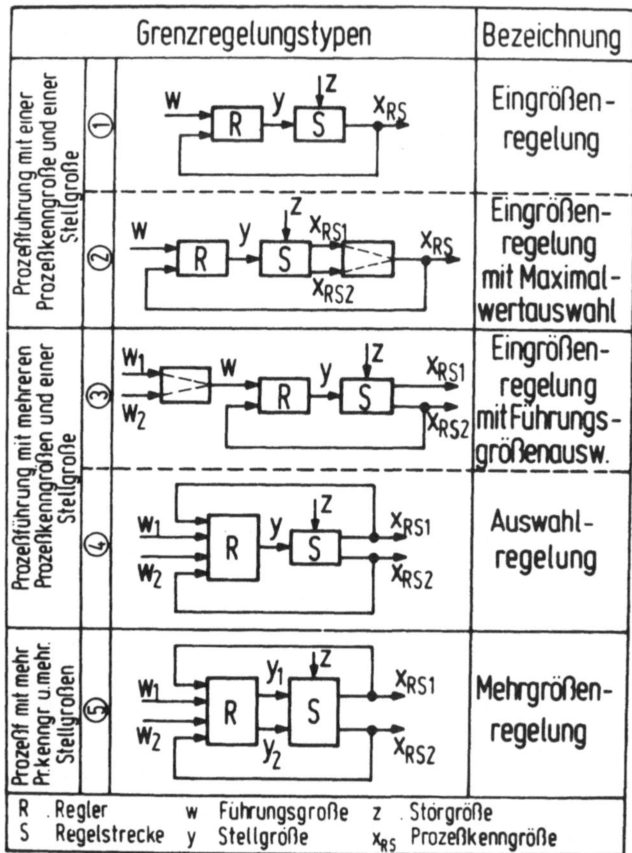



**Bild 1-2:** Grenzregelungstypen

Eine für den Prozeßablauf charakteristische Auslastungskenn-größe $x_{RS}$ (z.B. Schnittmoment, Schnittleistung oder Fräser-biegemoment) wird als Regelgröße auf einem bestimmten kon-stanten Grenzwert gehalten. Dies ergibt die bekannte Struk-tur der Eingrößenregelung als Festwertregelung.

Bei Grenzregelungen vom Typ ② besteht die Regelaufgabe darin, aus mehreren gleichartigen Prozeßkenngrößen jeweils diejenige als Regelgröße auszuwählen und auf einen vorgegebenen Führungsgrößenwert w zu regeln, die den größten Betrag aufweist. Nach diesem Prinzip aufgebaute Grenzregelungen werden zur Prozeßführung an Mehrspindel-Fräsmaschinen eingesetzt /14/. Mehrere simultan arbeitende Fräswerkzeuge werden gleichzeitig hinsichtlich ihrer Auslastung kontrolliert. Das jeweils am stärksten belastete Fräswerkzeug legt den Stellgrößenwert fest.

Zur Führung mehrerer verschiedenartiger Prozeßkenngrößen auf vorgegebene Grenzen sind die Grenzregelungen vom Typ ① und ② aber ungeeignet und scheiden für die weitere Betrachtung aus.

Liegt der spezielle Fall vor, daß zwischen den zu begrenzenden Kenngrößen des Spanungsvorgangs ein einfach auszuwertender Zusammenhang besteht - wie z.B. zwischen Schnittmoment und Schnittleistung -, so kann ohne großen zusätzlichen meß- und regelungstechnischen Aufwand eine Grenzregelung geschaffen werden, welche die den Kenngrößen $x_{RS1}$ und $x_{RS2}$ zugeordneten Grenzwerte $w_1$ und $w_2$ beachtet (Bild 1-2, Fall ③).

Der regelungstechnische Vorteil dieser Anordnung besteht darin, daß für den Ablauf des Regelvorgangs weiterhin nur eine Prozeßkenngröße als Regelgröße bestimmend ist. Es ist lediglich erforderlich, den einzuhaltenden Grenzwert der nichtgeregelten Prozeßkenngröße in einen entsprechenden Grenzwert für die als Regelgröße verwendete Prozeßkenngröße umzurechnen und als Führungsgröße w den jeweils kleineren der beiden auf die Regelgröße bezogenen Grenzwerte zu verwenden.

Beim Fräsen können nach diesem Verfahren jedoch nur die Kenngrößen Schnittmoment und Schnittleistung hinsichtlich ihrer Grenzen leicht kontrolliert werden /12/. Auf die Überwachung von Prozeßkenngrößen, die in komplizierterem Zusammenhang stehen wie gerade Schnittmoment und Fräserbiegemoment bzw. dessen Komponenten (s. __Bild 4-4__), läßt sich dieses Grenzregelungsverfahren nicht anwenden. Besser geeignet ist dafür eine Auswahlregelung (Fall ④).

Dieses Regelsystem ermöglicht die separate Überwachung und Begrenzung von zwei (oder mehreren) voneinander unabhängigen oder schwer zuzuordnenden Prozeßkenngrößen $x_{RS1}$ und $x_{RS2}$. Der Auswahlregler sorgt dafür, daß beim Einwirken der Störungen z von den beiden Prozeßkenngrößen $x_{RS1}$ und $x_{RS2}$ jeweils diejenige geregelt wird, die den kleinsten Stellgrößenwert $y = u$ verlangt. $w_1$ und $w_2$ sind die zu $x_{RS1}$ und $x_{RS2}$ gehörenden Führungsgrößen, die zwar erreicht, aber nicht überschritten werden dürfen.

Im Bereich der Energie-, Verfahrens- und Antriebstechnik sind Auswahlregelungen weit verbreitet /19/. Über AC-Einrichtungen, die nach dem Auswahlprinzip arbeiten, liegen dagegen bisher nur wenig Erfahrungen vor.

In /14,20/ wird eine AC-Einrichtung beschrieben, die neben der Fräsmotorleistung zusätzlich die Fräserabdrängkraft überwacht. Eine richtungsabhängige Bewertung der Fräserabdrängkraft - wie in 1.2 für das Biegemoment verlangt - wird nicht vorgenommen. Als Stellgröße wird die Vorschubgeschwindigkeit benutzt.

Ein anderes nach dem Auswahlprinzip realisiertes AC-System für die Fräsbearbeitung auf einer streckengesteuerten NC-Fräsmaschine gestattet die Kontrolle des Schnittmoments, der Frässpindelabdrängung nach Größe und Richtung - als Maß für die Werkzeug- und Maschinenbeanspruchung sowie für die Bearbeitungsgenauigkeit - und der Vibrationen beim Spanungsvorgang /21/. Als Stellgröße ist die Vorschubgeschwindigkeit wirksam. Beim Erreichen eines unteren Vorschubgeschwindigkeitsgrenzwertes wird eine stufige Schnittiefenveränderung eingeleitet.

Aus der Literatur ist erkennbar, daß zur Regelung der in 1.2 angegebenen Prozeßkenngrößen als Grenzregelungstyp nur eine Auswahlregelung in Frage kommt. Da in den genannten Literaturstellen keine detaillierten Angaben über

- die Auslegung,
- das regelungstechnische Verhalten und
- das Zusammenwirken derartiger Auswahlregelungen mit den realen Prozeßgegebenheiten beim Fräsen mit Schaft- und Messerkopffräsern

enthalten sind, befaßt sich diese Arbeit insbesondere mit diesem Problemkreis.


## 3 Aufgabenstellung

Ausgehend von Typ ④ (Auswahlregelung) ist die grundsätzliche Struktur des aufzubauenden und zu untersuchenden technologisch-geometrischen Grenzregelungssystems (ACC/ACG) in Bild 3-1 dargestellt. Es gliedert sich in Regelstrecke und Regeleinrichtung. Zur Regelstrecke des Grenzregelungssystems gehören:

- <u>Stelleinrichtung</u>: Einrichtung der Werkzeugmaschine zur Steuerung und Erzeugung der Vorschubbewegung; sie setzt die Stellgröße $u_R$ bei einer streckengesteuerten Fräsmaschine in die Ist-Vorschubgeschwindigkeit $u_i$ bzw. bei einer bahngesteuerten Maschine in die Ist-Bahngeschwindigkeit $u_{B,i}$ um.

- <u>Fräsprozeß</u>: er bildet den hauptsächlich störgrößenbeeinflußten Regelstreckenteil mit der Eingangsgröße $u_{B,i}$ bzw. $u_i$ und den zu begrenzenden Prozeßkenngrößen Schnittmoment $M_{S,i}$, Fräserbiegemoment $M_{B,i}$ und die Biegemomentkomponente in Stützrichtung $M_{BSt,i}$ als Ausgangsgrößen. Die Einhaltung der Schnittleistungsgrenze kann durch entsprechende Steuerung des Sollwertes für das Schnittmoment (s.Kapitel 2, Grenzregelungstyp ③) er-

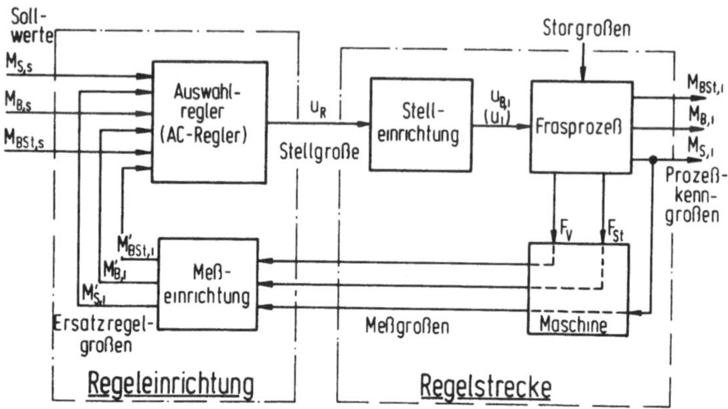


**Bild 3-1**: Struktur des aufzubauenden und zu untersuchenden Grenzregelsystems

folgen. Die Schnittleistung wird daher als Prozeßkenngröße nicht weiter betrachtet.

- <u>Maschine</u>: die Prozeßkenngrößen (Regelgrößen) können nicht direkt an ihrem Entstehungsort gemessen werden, sondern nur indirekt über Reaktionen der Maschine an entfernter liegenden Meßstellen, wie z.B. die von den in Vorschub- und Stützrichtung wirkenden Abdrängkräften $F_V$ und $F_{St}$ verursachte Frässpindelverlagerung oder die vom Schnittmoment erzeugte Motorbelastung.

Die wesentlichen Komponenten der Regeleinrichtung sind:
- <u>Meßeinrichtung</u>: sie dient zur Erfassung des Prozeßzustandes durch Messen und Aufbereiten der Meßgrößen mit Sensoren und zur Erzeugung der Ersatzregelgrößen $M'_{S,i}$,

$M'_{B,i}$ und $M'_{BSt,i}$, sofern die Meßgrößen nicht direkt die Regelgrößen wiedergeben.

- <u>Auswahlregler (AC-Regler)</u>: er vergleicht die Ersatzregelgrößen mit den zugehörigen Führungsgrößen $M_{S,s}$, $M_{B,s}$, $M_{BSt,s}$ und legt die Stellgröße $u_R$ nach der Regelgröße fest, die den kleinsten Stellgrößenwert verlangt.

Um die in Kapitel 2 festgestellten fehlenden Angaben über den Aufbau, das Verhalten und den Einsatz einer Auswahlregelung beim Schaft- und Messerkopffräsen liefern zu können, sind ausgehend von den

- Grundlagenbeziehungen für das Übertragungsverhalten der Glieder der Regelstrecke und der Meßeinrichtung

insbesondere folgende Betrachtungen notwendig:

- Festlegung der Auswahlregler-Grundstruktur
- Strukturierung und Dimensionierung des Auswahlreglers für den praktischen Einsatz
- Überprüfen der Regelung durch entsprechende Fräsversuche sowie
- Diskussion der praktischen Anwendungsmöglichkeiten.

## 4 <u>Übertragungsverhalten der Regelstrecke und Meßeinrichtung</u>

Zum Entwurf des Auswahlreglers und für die Betrachtung des Regelverhaltens des Grenzregelsystems werden Kenntnisse über das Übertragungsverhalten (Beharrungs- und Zeitverhalten) der Regelkreisglieder Stelleinrichtung, Fräsprozeß, Maschine und Meßeinrichtung benötigt. Die charakteristischen Eigenschaften dieser Glieder werden in diesem Kapitel zusammengestellt.

## 4.1 <u>Stelleinrichtung</u>

Grenzregeleinrichtungen können an

- streckengesteuerten oder

  - bahngesteuerten
Werkzeugmaschinen eingesetzt werden.

Bei <u>streckengesteuerten</u> <u>Werkzeugmaschinen</u> wirkt das Stellsignal $u_R$ des AC-Reglers unmittelbar auf den die Vorschubbewegung erzeugenden Vorschubantrieb (Stelleinrichtung) ein.
$u_R$ bestimmt somit die Soll-Vorschubgeschwindigkeit : $u_R = u_s$.
Ausgangsgröße der Stelleinrichtung "Vorschubantrieb" ist die
Ist-Vorschubgeschwindigkeit $u_i$.

Das Übertragungsverhalten der meist geschwindigkeitsgeregel-
ten Vorschubantriebe wird vielfach dem eines Verzögerungsgliedes 2. Ordnung ($P$-$T_2$-Glied) mit der Übertragungsfunktion
gleichgesetzt /22/:

$$F(p) = \frac{1}{1 + \frac{2D_A}{\omega_{OA}} p + \left(\frac{p}{\omega_{OA}}\right)^2} \tag{4.1}$$

($\omega_{OA}$ ... Kennkreisfrequenz, $D_A$ ... Dämpfungsgrad).

Bei der Koppelung einer Grenzregelung mit einer <u>bahngesteuer-</u>
<u>ten</u> <u>Werkzeugmaschine</u> wird den Vorschubantrieben das Stellsig-
nal des AC-Reglers nicht direkt zugeführt, da sie Bestandteil
der übergeordneten Bahnsteuerung sind. In diesem Fall ist die
Bahnsteuerung die Stelleinrichtung des Grenzregelsystems.

Die wesentlichen Bestandteile einer Bahnsteuerung mit Lageregelkreisen zur Erzeugung einer zweiachsigen Bahnbewegung
(x-y-Ebene) gibt <u>Bild 4-1</u> wieder.

Die Grenzregeleinrichtung schreibt der Bahnsteuerung den <u>Be-</u>
<u>trag</u> der Soll-Bahngeschwindigkeit vor: $u_R = u_{B,s}$. Auf die
<u>Richtung</u> der Werkzeug- oder Werkstückbewegung hat die Grenz-
regelung dagegen keinen Einfluß. Unter Berücksichtigung geo-
metrischer Informationen (Bahnrichtungswinkel $\alpha$) wird die
Soll-Bahngeschwindigkeit $u_{B,s}$ über den Block Führungsgrößen-
erzeugung, die Lageregelkreise und die geometrische Addition
der Ist-Achsgeschwindigkeiten $u_{x,i}$ und $u_{y,i}$ in die Ist-Bahn-

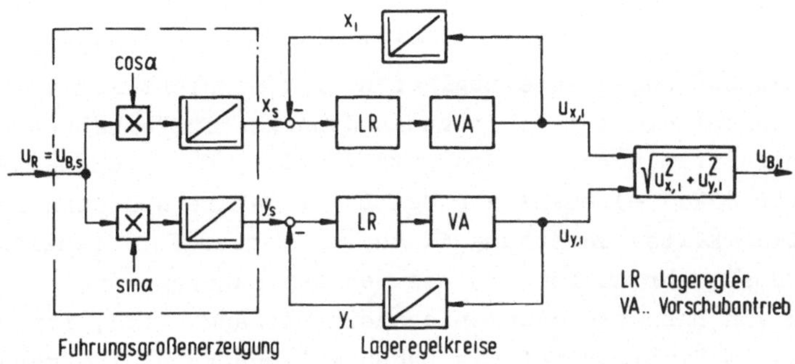



__Bild 4-1__: Prinzipieller Aufbau einer Bahnsteuerung

geschwindigkeit $u_{B,i}$ umgesetzt.

Das Übertragungsverhalten der Bahnsteuerung kann näherungsweise durch die Übertragungsfunktion

$$F_{BS}(p) \ = \ \frac{u_{B,i}(p)}{u_{B,s}(p)} \ = \ K_{BS} \cdot F_L(p) \qquad\qquad (4.2)$$

gekennzeichnet werden /18/. Der Verstärkungsfaktor $K_{BS}$ ist
bei geradliniger Bahnbewegung gleich Eins. Bahnrichtungsän-
derungen führen zu einer kurzzeitigen Verminderung von $K_{BS}$.
Das Zeitverhalten der Stelleinrichtung Bahnsteuerung wird
bei gleichem dynamischen Verhalten der an der Bahnerzeugung
beteiligten Lageregelkreise vom Zeitverhalten eines Lageregelkreises bestimmt.

Lageregelkreise mit einem Antrieb als Schwingungsglied verhalten sich wie Verzögerungsglieder 3. Ordnung /22/:

$$F_L(p) \ = \ \frac{1}{1 + \dfrac{p}{K_y} + \dfrac{2D_A}{K_v \cdot \omega_{OA}} \, p^2 + \dfrac{1}{K_v \cdot \omega_{OA}^2} \, p^3} \qquad\qquad (4.3).$$

<u>Folgerungen für AC-Anwendungen</u>:

Um ein schnelles Ausregeln der auf den Spanungsprozeß ein-
wirkenden Störungen zu ermöglichen, ist hinsichtlich der Vorschubantriebe ein möglichst gutes dynamisches Verhalten (hohe Kennkreisfrequenz $\omega_{OA}$ und gute Dämpfung $D_A$ - Kennwerte s.
Abschnitt 6.2.1 -) sowie von den Lageregelkreisen eine hohe
Geschwindigkeitsverstärkung $K_V$ zu verlangen. Für Grenzregel-
zwecke aber mehr zu fordern als von der Lageregelung zur Ver-
meidung von Bahnabweichungen ohnehin verlangt wird, ist wegen
der sich im Hinblick auf die Bahnabweichungen u.U. ergebenden
schlechteren dynamischen Einstellung der Lageregelkreise
nicht gerechtfertigt.

## 4.2 <u>Fräsprozeß</u>

Das Übertragungsverhalten des in Bild 3-1 angegebenen Blok-
kes "Fräsprozeß" veranschaulicht das Blockschaltbild in
<u>Bild 4-2</u>.

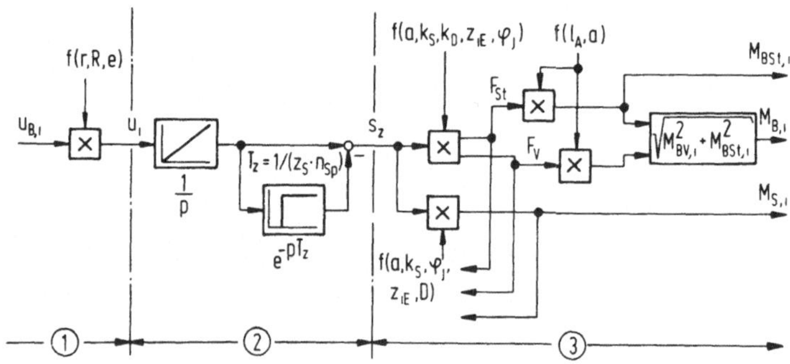


<u>Bild 4-2</u>: Blockschaltbild des Fräsprozesses

Der Fräsprozeß ist in drei hintereinandergeschaltete Teil-
strecken ①, ② und ③ gegliedert.

Bei bahngesteuerter Fräsbearbeitung bildet die <u>Teilstrecke 1</u>
aus der Eingangsgröße Ist-Bahngeschwindigkeit $u_{B,i}$ die Ausgangsgröße Vorschubgeschwindigkeit $u_i$. Bei der Bearbeitung

entlang gekrümmter Bahnelemente ist die Bahngeschwindigkeit,
die sich auf die Bewegung des Werkzeugmittelpunktes bezieht,
nicht identisch mit der bei der Spanabnahme wirksamen Vorschubgeschwindigkeit (Bild 4-3). Identität ist für den Fall
der geradlinigen Relativbewegung zwischen Werkzeug und
Werkstück gegeben: $u_{B,i} = u_i$.

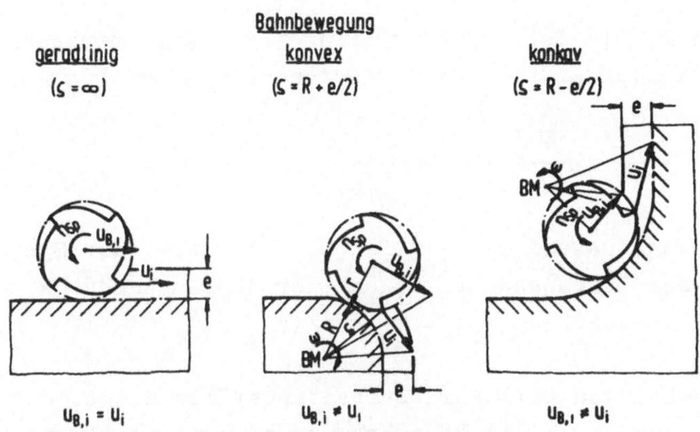


Bild 4-3: Bahngeschwindigkeit und momentane Vorschubgeschwindigkeit

Der aus der Bahnkrümmung (Radius R), dem Werkzeugradius r und
aus der Eingriffsgröße e resultierende Unterschied zwischen
$u_{B,i}$ und $u_i$ wirkt sich auf das Übertragungsverhalten des
Fräsprozesses als Änderung der Streckenverstärkung aus. Für
die Verstärkung dieser Teilstrecke gilt:

$$K_{F1} = \frac{u_i}{u_{B,i}} = \frac{R \pm e/2}{R \pm r} \tag{4.4}.$$

Die momentan wirksame Vorschubgeschwindigkeit $u_i$ hängt vom
Abstand $\varsigma$ des betrachteten Schneidenpunkts zum Bahnkrüm-
mungsmittelpunkt BM ab. Gl. 4.4 ist als repräsentativer
Drehkreisradius für die Vorschubgeschwindigkeit bei konvex
gekrümmter Bahn $\varsigma = R + e/2$ bzw. $R - e/2$ bei konkav gekrümmter Bahn zugrundegelegt.

Das dynamische Verhalten des Fräsprozesses wird bestimmt durch den dynamischen Zusammenhang zwischen der Ist-Vorschubgeschwindigkeit $u_i$ und dem Zahnvorschub $s_z$. Nach /23/ gilt für diese T̲e̲i̲l̲s̲t̲r̲e̲c̲k̲e̲ 2 die Übertragungsfunktion:

$$F_{sz}(p) = \frac{s_z(p)}{u_i(p)} = \frac{1 - e^{-pT_z}}{p} = T_z \frac{1 - e^{-pT_z}}{p\, T_z} \qquad (4.5).$$

Darin ist $T_z$ die Zeit, die der Fräser zum Weiterdrehen um das Bogenteilungsmaß $b_z$ der Fräserschneiden benötigt:

$$T_z = \frac{b_z}{v} = \frac{\pi \cdot D}{z_S \cdot v} = \frac{1}{n_{Sp} \cdot z_S} \qquad (4.6).$$

Im Beharrungszustand ist $\lim\limits_{p \to 0} F_{sz}(p) = T_z$; d.h. der Systemteil mit der Eingangsgröße $u_i$ und der Ausgangsgröße $s_z$ besitzt die Verstärkung $K_{F2} = T_z = 1/(n_{Sp} \cdot z_S)$.

Die Betrachtungen üblicher Bearbeitungsfälle zeigt, daß beim Fräsen $T_z$ und damit die Verstärkung und das dynamische Verhalten der betrachteten Teilstrecke $u_i \ldots s_z$ in einem größeren Bereich variieren kann.

Für Hartmetall-Wendeplattenfräser mit Durchmessern von D = (16 ... 500) mm liegt das Bogenteilungsmaß der Fräserschneiden in einem Bereich $b_z$ = (20 ... 60 ... 80) mm. Legt man zusätzlich einen Schnittgeschwindigkeitsbereich von v = (0,5 ... 4) m/s zugrunde, so ergibt sich für $T_z$ in ms nach Gl. 4.6 ein Änderungsbereich $5 \leqq T_z \leqq 160$.

T̲e̲i̲l̲s̲t̲r̲e̲c̲k̲e̲ 3 charakterisiert die Abhängigkeit der hier betrachteten Prozeßkenngrößen Schnittmoment $M_{S,i}$, Fräserbiegemoment $M_{B,i}$ und Biegemomentkomponente in Stützrichtung $M_{BSt,i}$ sowie der Fräserabdrängkraftkomponenten $F_V$ und $F_{St}$ vom Zahnvorschub $s_z$ und von während der Fräsbearbeitung oder von Bearbeitungsfall zu Bearbeitungsfall veränderlichen Stör- und Einflußgrößen. Bild 4-4 verdeutlicht die grundsätzlichen Zusammenhänge dieser Größen. Bei schrägverzahnten Schaftfräsern sind die Schneiden um den Winkel $\lambda > 0$ zur Werkzeugachse geneigt, wie dies die gestrichelte Linie in Bild 4-4 wiedergibt. Die Gleichungen für die Spanungskraftkomponenten und Prozeßkenngrößen sind der Einfachheit halber jedoch nur für $\lambda = 0$, d.h. für einen geradverzahnten Schaftfräser angegeben. In den Gleichungen für $F_{Sj}$ und $F_{Dj}$ ist außerdem der Einfluß der Spanungsdicke auf die spezifischen Schnitt- und Drangkräfte ($k_S$, $k_D$) /24/ vernachlässigt. Der Index $j = 1 \dots z_{iE}$ kennzeichnet die j-te im Eingriff befindliche Schneide.

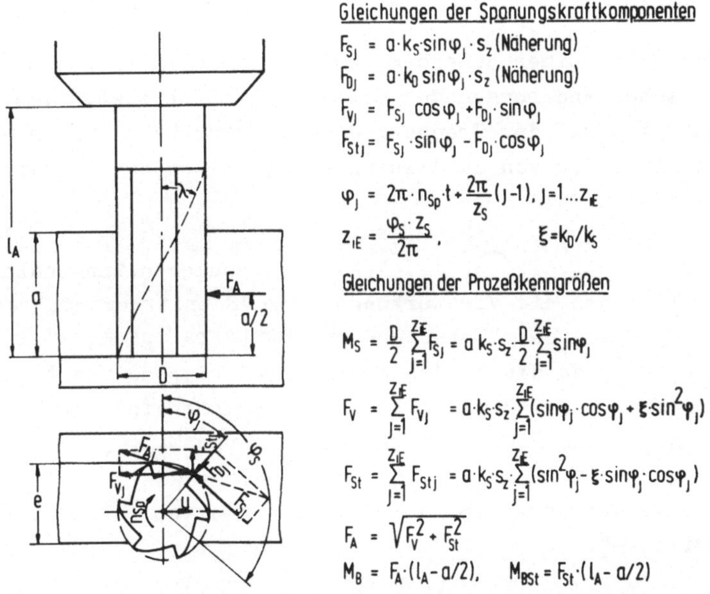



$$F_{Sj} = a \cdot k_S \cdot \sin\varphi_j \cdot s_z \ \text{(Näherung)}$$
$$F_{Dj} = a \cdot k_D \sin\varphi_j \cdot s_z \ \text{(Näherung)}$$
$$F_{Vj} = F_{Sj} \cos\varphi_j + F_{Dj} \cdot \sin\varphi_j$$
$$F_{Stj} = F_{Sj} \cdot \sin\varphi_j - F_{Dj} \cdot \cos\varphi_j$$
$$\varphi_j = 2\pi \cdot n_{Sp} \cdot t + \frac{2\pi}{z_S}(j-1), \ j = 1 \dots z_E$$
$$z_{iE} = \frac{\varphi_s \cdot z_S}{2\pi}, \qquad \xi = k_D/k_S$$



$$M_S = \frac{D}{2} \sum_{j=1}^{z_E} F_{Sj} = a \, k_S \cdot s_z \frac{D}{2} \sum_{j=1}^{z_E} \sin\varphi_j$$
$$F_V = \sum_{j=1}^{z_{iE}} F_{Vj} = a \cdot k_S \cdot s_z \sum_{j=1}^{z_{iE}} (\sin\varphi_j \cdot \cos\varphi_j + \xi \cdot \sin^2\varphi_j)$$
$$F_{St} = \sum_{j=1}^{z_{iE}} F_{Stj} = a \cdot k_S \cdot s_z \sum_{j=1}^{z_{iE}} (\sin^2\varphi_j - \xi \cdot \sin\varphi_j \cdot \cos\varphi_j)$$
$$F_A = \sqrt{F_V^2 + F_{St}^2}$$
$$M_B = F_A \cdot (l_A - a/2), \qquad M_{BSt} = F_{St} \cdot (l_A - a/2)$$

**Bild 4-4:** Spanungskraftkomponenten und Prozeßkenngrößen beim Fräsen mit geradverzahnten Schaftfräsern

Eine wesentliche Eigenschaft des Fräsprozesses ist, daß es auch bei konstant bleibendem Fräsquerschnitt (a,e) wegen der sich mit dem Drehwinkel $\varphi_j$ sinusförmig ändernden Spanungskraftkomponenten Schnittkraft $F_{Sj}$ und Drangkraft $F_{Dj}$ (Bild 4-4) zu mehr oder minder starken periodischen Änderungen der Prozeßkenngrößen $M_S$, $M_B$ und $M_{BSt}$ kommt. Die Periodendauer

der Belastungszyklen ist durch Gl. 4.6 gegeben. Am deutlich-
sten ausgeprägt sind die Belastungsschwankungen beim Fräsen
mit Zweischneidern ($z_S = 2$). Mit zunehmender Zähnezahl werden die Belastungsschwankungen geringer.

Beim Einsatz von schrägverzahnten Schaftfräsern ($\lambda \neq 0$) können die Amplituden der Belastungsschwankungen gering gehalten werden, wenn die Schnittiefe a in einem geradzähligen
Verhältnis zur Breitenteilung des Fräsers steht /24/. Da
gerade im AC-Fräsbetrieb veränderliche Fräsquerschnitte oft
vorkommen, kann diese Bedingung nicht immer erfüllt werden.

Fräsversuche zeigen außerdem, daß den zahneingriffsbedingten
periodischen Änderungen der Prozeßkenngrößen zusätzlich
Schwankungen mit der Frequenz der Fräserdrehzahl $n_{Sp}$ überlagert sind, die von Rundlaufungenauigkeiten der Fräserschneiden herrühren.

Von der Teilstrecke ③ (Bild 4-2) interessieren innerhalb des
AC-Regelkreises die Verstärkungen der "Schnittmomentstrecke"
$s_z \ldots M_{S,i}$ sowie der "Vorschub- und Stützkraftstrecke" $s_z \ldots F_V$
und $s_z \ldots F_{St}$, da die beiden Abdrängkraftkomponenten $F_V$ und
$F_{St}$ die Eingangsgrößen des Blockes Maschine sind (s. Bild 3-
1) und nicht die Prozeßkenngrößen $M_{B,i}$ und $M_{BSt,i}$.

Für die Verstärkung z.B. der "Schnittmomentstrecke" gilt
nach Bild 4-4:

$$K_{F3} = \frac{M_{S,i}}{s_z} = a \cdot k_S \cdot \frac{D}{2} \cdot \sum_{j=1}^{z_{iE}} \sin \varphi_j \qquad (4.7).$$

Die Größen a, $k_S$, D sowie der Summenausdruck wirken multiplikativ auf das Übertragungsverhalten dieser Teilstrecke
ein und verursachen je nach Werkzeug/Werkstück-Gegebenhei-
ten eine in weitem Bereich veränderliche Verstärkung $K_{F3}$
und damit - zusammen mit den anderen Verstärkungseinflüs-
sen - auch der Gesamtverstärkung $K_F = K_{F1} \cdot K_{F2} \cdot K_{F3}$ der
Übertragungsstrecke $u_{B,i} \ldots M_{S,i}$. Ähnliche Verhältnisse hin-

sichtlich der Verstärkung liegen auch bei der "Vorschub- und Stützkraftstrecke" vor.

Durch die Regelung der Biegemomentkomponente $M_{BSt,i}$ soll beim Schaftfräsen verhindert werden, daß die Fräserabdrängung in Stützrichtung $\delta_{St}$ (Bild 1-1) einen vorgegebenen Grenzwert $\delta_{St,max}$ überschreitet. Um anhand der Biegemomentkomponenten $M_{BSt}$ die Fräserabdrängung beurteilen zu können, muß die Zuordnung zwischen Biegemoment $M_B$ und Fräserabdrängung $\delta$ bekannt sein. In erster Näherung besteht Proportionalität zwischen diesen beiden Größen, die über die Abdrängkraft $F_A$ (s. Bild 4-4) miteinander verknüpft sind. Bei Kenntnis des Zusammenhangs $\delta = f(F_A)$ ist damit auch die Größe des Biegemoments bestimmt. Die Funktion $\delta = f(F_A)$ muß für die jeweilige Werkzeug/Spannfutter/Maschinenkombination experimentell ermittelt werden (s. Abschnitt 4.3.2).

Die bei Bearbeitung entstehenden Verlagerungen eines Schaftfräsers gibt Bild 4-5 qualitativ wieder. Es zeigt die Auswirkung veränderlicher Eingriffsgröße e, unterschiedlicher Fräsverfahren und verschieden großer Zahnvorschübe auf Größe und Richtung der Werkzeugverlagerung.

Die in Bild 4-5 angenommenen Verlagerungen des Schaftfräsers stützen sich auf die in /16/ dargelegten Zusammenhänge über die Verlagerungen von Schaftfräsern. Es wird zwischen sieben Fräsbearbeitungsfällen unterschieden. Sie sind in Bild 4-5 mit I bis VII beziffert. Der Betrag der Gesamtabdrängung $\delta = \sqrt{\delta_V^2 + \delta_{St}^2}$ erreicht seinen Höchstwert beim symmetrischen Fräsen (Fall IV). Das Maximum der Abdrängung in Stützrichtung, die den am Werkstück bleibenden Konturfehler erzeugt, liegt in dem durch die Fälle IV und V abgegrenzten Bereich mit überwiegendem Anteil an Gleichlauffräsen. Beim Gegenlauffräsen mit Eingriffsgrößen $e \approx D/2$ weist die Abdrängung in Stützrichtung einen Nulldurchgang auf. Bei einer Erhöhung von $s_z$ ändern sich Betrag und Richtung der Fräsergesamtabdrängung. Die Abdrängung in Stützrichtung wird von

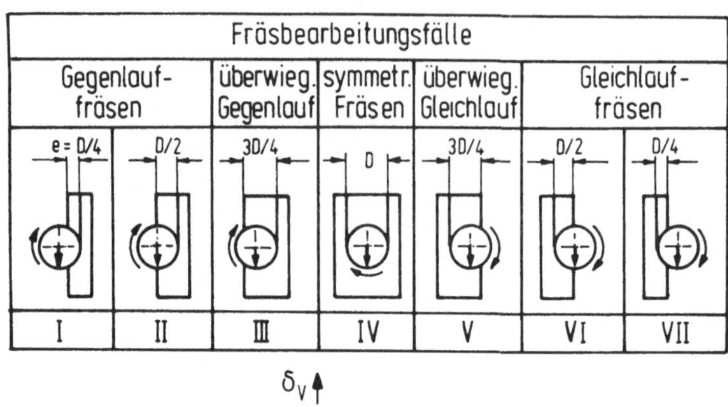

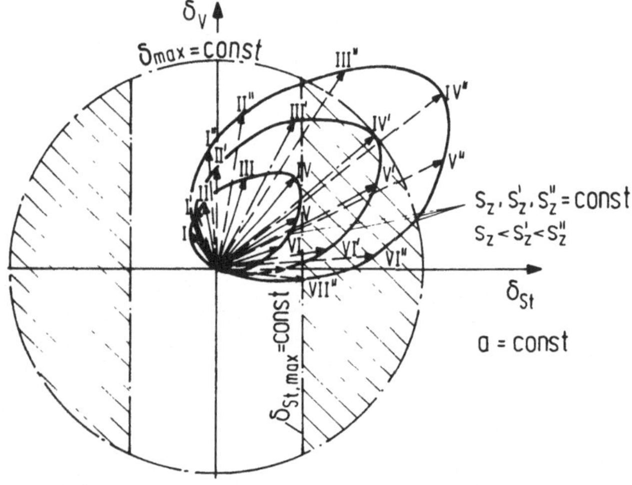



**Bild 4-5:** **Einfluß der Eingriffsgröße e, der Fräsverfahren (Gegenlauf, Gleichlauf) und des Zahnvorschubs $s_z$ auf die Fräserabdrängung**

der Änderung des Zahnvorschubs stärker betroffen als die Abdrängung in Vorschubrichtung.

Im ACC-ACG-Betrieb der Grenzregelung soll der Bearbeitungsvorgang so geführt werden, daß die von der maximal zulässigen Biegemomentbelastung des Schaftfräswerkzeugs her zulässige Fräserabdrängung $\delta_{max}$ und die von der Bearbeitungsgenauigkeit vorgeschriebene Grenze $\delta_{St,max}$ nicht überschritten werden. Diese beiden Grenzen legen die Ortskurve für die zulässige Fräserabdrängung in Bild 4-5 fest.

Bei der Regelung der Prozeßkenngrößen $M_{S,i}$, $M_{B,i}$ und $M_{BSt,i}$ darf die Vorschubgeschwindigkeit $u_i$ nur innerhalb des Stellbereichs $u_{min}...u_{max}$ geändert werden. Die Grenzen für $u_i$ sind gegeben durch einen zulässigen minimalen und maximalen Zahnvorschub $s_{z,min}$ und $s_{z,max}$ sowie durch die Parameter $n_{Sp}$ und $z_S$. Es gilt:

$$u_{min} = s_{z,min} \cdot n_{Sp} \cdot z_S \qquad (4.8)$$
$$u_{max} = s_{z,max} \cdot n_{Sp} \cdot z_S \qquad (4.9).$$

Durch die Vorgabe von $s_{z,min}$ werden stark standzeitverkürzende Schabeschnitte vermieden. Die Festlegung von $s_{z,max}$ soll entweder eine bestimmte Oberflächengüte (Fräsrillenabstand), eine gute Späneabfuhr oder die Einhaltung einer maximal zulässigen Schneidenbelastung sichern.


## Zusammenfassung und Folgerungen

Der Fräsprozeß weist folgende Merkmale auf:
- die Verstärkung ist unbekannt und kann sich stark ändern,
- im stationären Betriebszustand treten periodische Änderungen der Prozeßkenngrößen auf,
- das dynamische Verhalten kann in einem großen Bereich variieren.

Eine bei diesen schwierigen Gegebenheiten des Fräsprozesses gut und zuverlässig arbeitende Grenzregelung sollte folgenden Forderungen gerecht werden:
I Der Auswahlregler soll trotz im voraus nicht bekannter, u.U. von Bearbeitungsaufgabe zu Bearbeitungsaufgabe stark schwankender und während des Bearbeitungsvorgangs veränderlicher Verstärkung des Fräsprozesses ein gleichbleibend "gutes" Regelverhalten bei der Regelung der einen oder anderen Prozeßkenngröße sicherstellen.

II Um einerseits Werkzeug/Maschine/Werkstück besser vor
   den Maximalbelastungen schützen zu können, andererseits
   soweit wie möglich an die zulässigen Belastungsgrenzen
   heranzukommen, ist es notwendig, jeweils die Spitzenwerte der Prozeßkenngrößen $M_{S,i}$, $M_{B,i}$ und $M_{BSt,i}$ der
   Regelung zugrundezulegen. Dies setzt zum einen eine
   zeit- und größengetreue Erfassung der Prozeßkenngrößen
   bzw. der Meßgrößen voraus und zum andern eine Einrichtung zur Regelung der Spitzenwerte.
III Der Auswahlregler muß an das unterschiedliche Zeitverhalten des Fräsprozesses angepaßt werden können.
IV Eine Vorschubgeschwindigkeitsverstellung darf nur in
   den Grenzen minimal und maximal zulässige Vorschubgeschwindigkeit vorgenommen werden.


## 4.3 Maschine und Meßeinrichtung

Zur Erfassung der Prozeßkenngrößen $M_{S,i}$, $M_{B,i}$ und $M_{BSt,i}$
bieten sich zwei Lösungen an:
   1. Bestimmung des Schnittmoments aus den Reaktionen des
      Hauptantriebsmotors /12,25,26/ sowie Erfassen von
      Größe und Richtung des Fräserbiegemoments über die
      Verlagerung der Frässpindel mit einem "Abdrängsensor"
      /8,14,18/.
   2. Ermittlung des Schnittmoments und des Fräserbiegemo-
      ments über die Dreh- und Biegemomentbelastung einer
      als Meßeinrichtung ausgebildeten Werkzeugspannein-
      richtung ("Meßspannfutter") /8,18/.
Für den Aufbau der Auswahl-Grenzregelung wurde von diesen
beiden Meßkombinationen ausgegangen.


## 4.3.1 Messung des Schnittmoments über den Hauptantrieb

Ohne großen meßtechnischen Aufwand und damit von der Kosten-
seite besonders günstig können das Schnittmoment (oder die

Schnittleistung) aus den elektrischen Größen Motorstrom und
Motorspannung von Hauptantriebsmotoren ermittelt werden.

Das Schnittmoment $M_{S,i}$ erzeugt je nach gewählter Getriebeübersetzung i des Hauptspindelgetriebes und den aktuell wirkenden Verlustmomenten $M_V$ ein Motormoment $M_{Mot}$ (<u>Bild 4-6</u>),
zu dem sich im einfachsten Fall - bei einem Gleichstrom-
hauptantriebsmotor mit konstantem Erregerfeld - der Motorstrom $I_{Mot}$ proportional verhält. Aus der Meßgröße $I_{Mot}$ sowie
unter Berücksichtigung von i und $M_V$ erhält man indirekt das
Schnittmoment

$$M'_{S,i} = (C_{Mot} \cdot I_{Mot} - M_V)\, i \qquad\qquad (4.10),$$

worin $C_{Mot}$ eine Maschinenkonstante ist.

Für die Verstärkung der Übertragungsstrecke Maschine-Meßeinrichtung mit der Eingangsgröße $M_{S,i}$ und der Ausgangsgröße
$M'_{S,i}$ (Bild 4-6) gilt:

$$K_{M1} = \frac{M'_{S,i}}{M_{S,i}} = \text{const} \qquad\qquad (4.11).$$

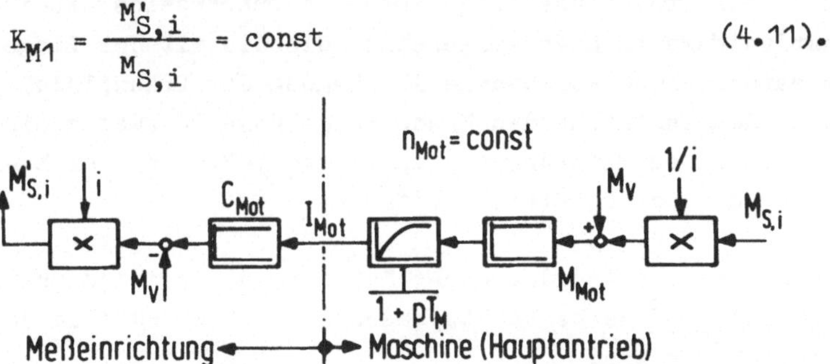


<u>Bild 4-6</u>: Meßkette zur Erfassung des Schnittmoments über
den Hauptantrieb

Das dynamische Verhalten der Schnittmomentmessung über den
Hauptantrieb kann zumeist durch das eines Verzögerungsgliedes 1. oder 2. Ordnung charakterisiert werden. Selbst durch-
geführte Messungen an verschiedenen Maschinenanlagen haben
gezeigt, daß die Zeitkonstanten im Bereich $T_M = (40 \ldots 200)$
ms liegen können /12,26/.

Die zeit- und größengetreue Erfassung von periodischen Schnittmomentänderungen - Forderung II aus Abschnitt 4.2 - ist damit nur im Frequenzbereich $f \approx (1 \ldots 5)$Hz möglich.

Bei der Wiedergabe von Schnittmomentänderungen über die elektrischen Größen des Hauptantriebs treten außerdem abhängig von den jeweils zu beschleunigenden Massenträgheitsmomenten - die sich mit der Getriebeübersetzung ändern - unterschiedliche Zeitkonstanten auf, denen bei der Auslegung des Auswahlreglers Rechnung zu tragen ist.

### 4.3.2 Abdrängsensor

Die infolge der Spanungskräfte (Fräserabdrängkraft $F_A$) entstehende Biegemomentbelastung und Abdrängung eines Fräswerkzeugs lassen sich indirekt aus der Biegemomentbeanspruchung der Frässpindel bestimmen. Als Sensoren werden zur Erfassung des Frässpindelbiegemoments berührungslos arbeitende induktive Wegaufnehmer eingesetzt, die die mit der Biegemomentbeanspruchung verbundene Abdrängung der Frässpindel gegenüber dem feststehenden Maschinengehäuse in zwei zueinander senkrechten Richtungen - in x- und y-Richung des Maschinenkoordinatensystems - erfassen.

Die prinzipielle Anordnung der Meßeinrichtung Abdrängsensor ist in <u>Bild 4-7</u> dargestellt. Wesentliche Bestandteile der Meßeinrichtung sind
- eine <u>Korrekturschaltung</u> zum Ausgleich maschinenbedingter Störeinflüsse und
- eine <u>Rechenschaltung</u> zur Berechnung der Ersatzregelgrößen $M'_{B,i}$ und $M'_{BSt,i}$.

Die in Bild 4-7 angegebene Korrektur- und Rechenschaltung ist eine Erweiterung und Weiterentwicklung der in /8/ dargestellten Schaltungsanordnung für einen Abdrängsensor. Die <u>Korrekturschaltung</u> enthält Schaltungsteile

- zur Kompensation drehzahlperiodischer Schwankungen der Meßgrößen im unbelasteten Zustand ("Leerlauf"),
- zur Beseitigung der gegenseitigen Beeinflussung der Meßgrößen bei Belastung nur in einer Meßrichtung ("Übersprechen") und zusätzlich

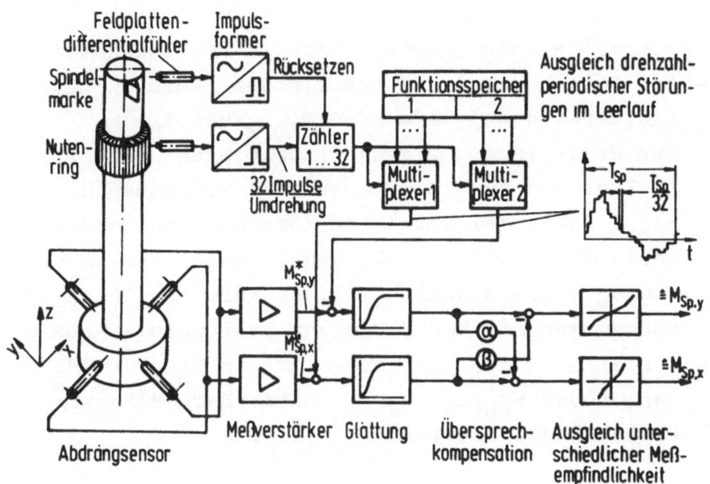



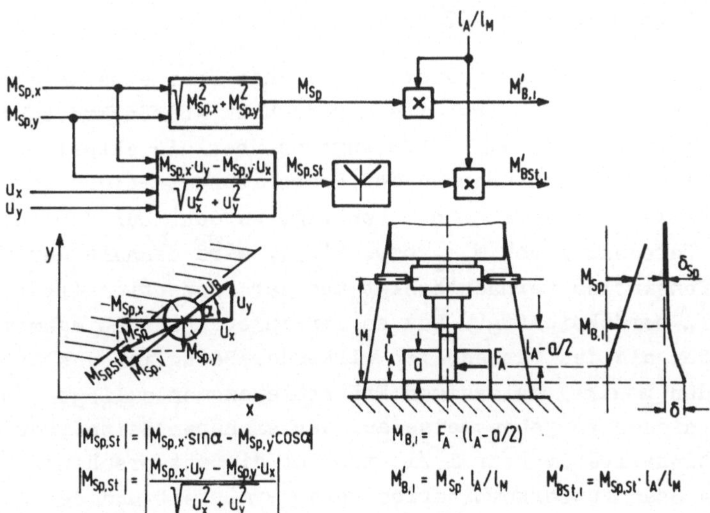



<u>Bild 4-7</u>: Korrektur- und Rechenschaltung für einen Abdräng-sensor

- zur Linearisierung und zum Ausgleich der in beiden Meßrichtungen unterschiedlichen Meßempfindlichkeiten.

Die Ausgangssignale der Kennlinienglieder dienen zur Beschreibung der Biegemomentbelastung der Frässpindel $M_{Sp,x}$ und $M_{Sp,y}$
an der Meßstelle.

Die <u>Rechenschaltung</u> gliedert sich in Schaltungsteile
- zur Berechnung der geometrischen Summe $M_{Sp}$ aus den
  (aufbereiteten) Meßgrößen $M_{Sp,x}$ und $M_{Sp,y}$,
- zur Ermittlung der Frässpindelbiegemomentkomponente
  in Stützrichtung $M_{Sp,St}$ aus den Meßgrößen $M_{Sp,x}$ und
  $M_{Sp,y}$ sowie dem aktuellen Vorschubrichtungswinkel $\alpha$, gegeben durch die Vorschubgeschwindigkeitskomponenten $u_x$
  und $u_y$ - diese stehen z.B. in Form von Tachogenerator-
  spannungen als Meßgrößen zur Verfügung -, sowie
- zur Bildung der Ersatzregelgrößen $M'_{B,i}$ und $M'_{BSt,i}$ aus
  den Größen $M_{Sp}$ und $M_{Sp,St}$ unter Berücksichtigung des
  Proportionalitätsfaktors $l_A/l_M$.

Die den Umrechnungen zugrundeliegenden geometrischen Zusammenhänge sind Bild 4-7 zu entnehmen.

Die Berechnung des Fräserbiegemoments über eine in der Mitte
der Schnittiefe a angreifend gedachten Abdrängkraft bereitet
Schwierigkeiten, weil dazu Angaben über die aktuelle Schnitt-
tiefe - die sich während der Bearbeitung in nicht vorherseh-
barer Weise ändern kann - benötigt werden. Zur Vereinfachung
der Berechnung von $M'_{B,i}$ bzw. $M'_{BSt,i}$ wird deshalb der Schnitt-
tiefeneinfluß vernachlässigt und der Proportionalitätsfaktor
$l_A/l_M$ berücksichtigt. Das so berechnete Fräserbiegemoment ist
größer als das tatsächlich wirkende. Bezüglich des einzuhaltenden maximal zulässigen Fräserbiegemoments liegt man aber
mit dieser Vorgehensweise auf der sicheren Seite. Der Proportionalitätsfaktor $l_A/l_M$ muß für die entsprechende Werk-
zeug/Spannfutterkombination vorab ermittelt und der AC-Einrichtung als Einstellgröße eingegeben werden.

Für die Verstärkung der Übertragungsstrecke Maschine-Meßeinrichtung mit der Eingangsgröße $F_A$ und der Ausgangsgröße $M'_{B,i}$ gilt:

$$K_{M2}\bigg|_{M'_{B,i}} = \frac{M'_{B,i}}{F_A} = (1_M - a/2)\,\frac{1_A}{1_M} \approx 1_A \quad (4.12).$$

Dieselbe Verstärkung hat auch die Übertragungsstrecke $F_{St}\ldots M'_{BSt,i}$.

Durch unterschiedliche Fräserauskraglängen bedingte Änderungen der Verstärkung der Strecke $F_A\ldots M'_{B,i}$ bzw. $F_{St}\ldots M'_{BSt,i}$ müssen neben den bereits vom Fräsprozeß her bekannten Verstärkungseinflüssen vom Regler ausgeglichen werden.

Das dynamische Verhalten des Abdrängsensors wird bestimmt durch das dynamische Verhalten der Glättungsglieder (Tiefpaßfilter). Die Filter sollen einerseits bei niedrigen Frässpindeldrehzahlen ($n_{Sp,min} = 60\ \mathrm{min^{-1}}$) die durch die stufenförmigen Ausgleichsfunktionen (s. Bild 4-7) bedingte Restwelligkeit der Meßsignale im Leerlauf unterdrücken. Andererseits sollen auch bei höheren Frässpindeldrehzahlen ($n_{Sp,max} = 900\ \mathrm{min^{-1}}$) auftretende periodische Biegemomentänderungen noch übertragen werden können. In idealer Weise wird diese Forderung von solchen Filtern erfüllt, deren Grenzfrequenz proportional zur Frässpindeldrehzahl steuerbar ist. Um den schaltungstechnischen Aufwand jedoch gering zu halten, werden im vorliegenden Fall Filter mit fest eingestellter Grenzfrequenz eingesetzt. Für den angegebenen Drehzahlbereich sind als $P-T_2$-Glieder aufgebaute Filter mit der Zeitkonstanten $T_M \approx 10$ ms und dem Dämpfungsgrad $D_M = 0,7$ ein guter Kompromiß.

Das Verhalten der Abdrängsensor-Meßsignale im unkorrigierten und korrigierten Zustand zeigen die <u>Bilder 4-8</u> und <u>4-9</u> für ein Anwendungsbeispiel. Aus Bild 4-8 sind der Erfolg des Ausgleichs der unterschiedlichen Meßempfindlichkeiten sowie der Übersprechkompensation zu erkennen. Deutlich wird, daß eine ideale Entkoppelung der Meßgrößen $M_{Sp,x}$ und $M_{Sp,y}$ mit der hier verwendeten linearen Kompensationsschaltung nicht

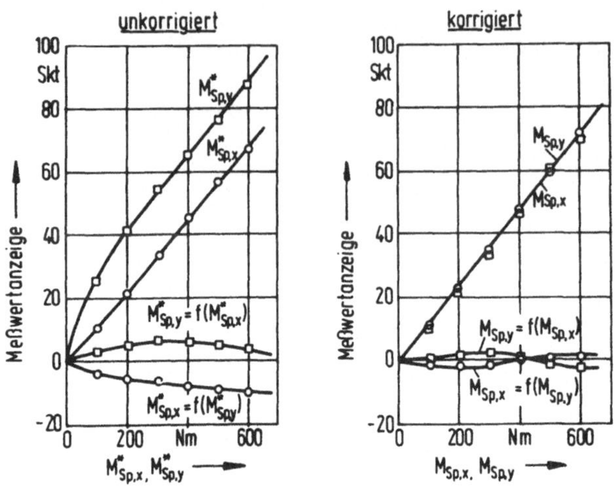



**Bild 4-8:** Korrigierte und nicht korrigierte statische Übertragungskennlinie des Abdrängsensors

erreicht werden kann, da sich die gegenseitigen Beeinflussungen nichtlinear verhalten.

Die Leerlaufschwankungen der Meßsignale (Bild 4-9) konnten, bezogen auf den Meßbereichsendwert, von ca. 30% auf etwa 5% reduziert werden. In dieser Größenordnung ist der verbleibende Störeinfluß tolerierbar.

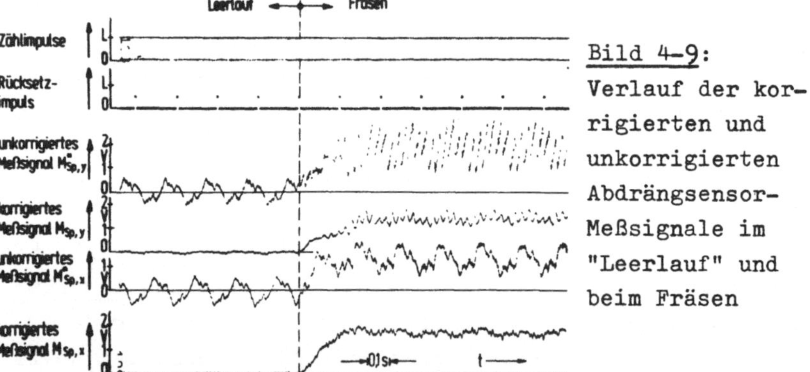



**Bild 4-9:** Verlauf der korrigierten und unkorrigierten Abdrängsensor-Meßsignale im "Leerlauf" und beim Fräsen

Wie bereits in 4.2 erwähnt, muß zur Kontrolle der Fräserabdrängung in Stützrichtung $\delta_{St}$ über die Biegemomentkomponente $M'_{BSt,i}$, die Funktion $\delta = f(F_A)$ ermittelt werden. Die mit einer Meßuhr statisch ermittelten Verlagerungen des Fräswerkzeugs bei jeweils getrennter Belastung in x- und y-Richtung des Maschinenkoordinatensystems durch die Abdrängkräfte $F_x$ und $F_y$ gibt <u>Bild 4-10</u> für ein Beispiel wieder.

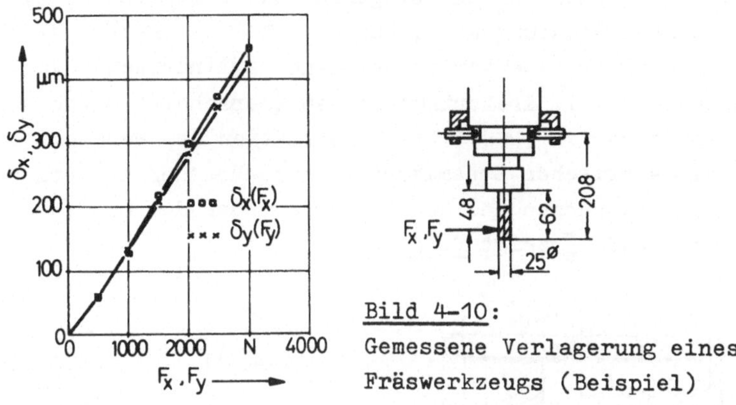


<u>Bild 4-10</u>:
Gemessene Verlagerung eines
Fräswerkzeugs (Beispiel)

Die Verlagerungen steigen näherungsweise proportional mit der Belastung an. Zu erkennen sind geringfügige Unterschiede der Verlagerungen des Fräswerkzeugs in den beiden Meßrichtungen, die auf die unterschiedlichen Steifigkeiten des Werkzeugs und der Frässpindel in den beiden Meßrichtungen zurückzuführen sind. Für die Sollwertvorgabe der Biegemomentkomponente $M_{BSt,s}$ sind die Höchstwerte zugrundezulegen.


### 4.3.3 <u>Meßspannfutter für Schaftfräser</u>

Die Brauchbarkeit des Abdrängsensors hängt entscheidend von der Maschinensteifigkeit ab. Bei sehr biegesteif ausgelegten Fräsmaschinen ist es möglich, daß die an einem Schaftfräser angreifenden Belastungen und die entstehenden Verlagerungen insbesondere bei schwachen Werkzeugen nicht mehr mit ausreichender Meßempfindlichkeit über die Verlagerung der Frässpindel erfaßt werden können. Als Alternative für diesen Fall bietet sich der Einsatz eines Meßspannfutters für Schaftfräser an. Es ist als Spannzangenfutter zur Aufnahme von

Schaftfräsern mit zylindrischem Schaft und Durchmessern von
D = (8 ... 32) mm aufgebaut.

Erfaßt werden im rotierenden Meßkoordinatensystem die Meßgrößen Drehmoment $M_t^*$ und Biegemomente in zwei zueinander
senkrechten Richtungen $M_{B1}$ und $M_{B2}$ über die spanungskraft-
bedingte elastische Verformung eines zylindrischen Verfor-
mungskörpers mit kreisringförmigem Querschnitt mittels Deh-
nungsmeßstreifen (DMS). Die Konstruktion der Meßeinrichtung
und die statischen Zusammenhänge zwischen den Meßverstärker-
ausgangsspannungen und den Eingangsgrößen der Meßeinrichtung
$M_{B1}$, $M_{B2}$ und $M_t^*$ zeigt <u>Bild 4-11</u>.

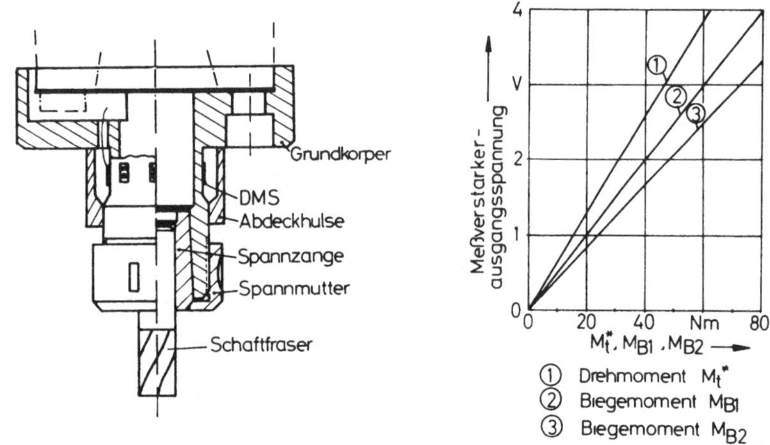


<u>Bild 4-11</u>: Meßspannfutterkonstruktion und statische Über-
tragungskennlinien

Das Meßspannfutter weist im Vergleich zur Meßkombination
Schnittmomentmessung über Hauptantrieb und Abdrängsensor
folgende **vorteilhafte** Übertragungseigenschaften auf:
1. <u>Statisches Verhalten</u>

- Maschinenunabhängige Meßempfindlichkeit (die Meßempfindlichkeit, d.h. der Quotient aus Änderung der
Meßverstärkerausgangsspannung zur verursachenden
Änderung der Meßgröße beträgt, wie aus der Kennli-
nie in Bild 4-11 hervorgeht, für das Drehmoment $M_t^*$
0,066 V/Nm und für das Biegemoment $M_{B1}$ 0,05 V/Nm

bzw. für $M_{B2}$ 0,042 V/Nm).

- Linearität zwischen Meßgrößen und Meßanzeigen.
- Keine maschinenbedingten Störeinflüsse an der Meßstelle; geringe Störeinflüsse von seiten des Fräsprozesses durch Temperatur, Kühlmittel- oder Späne-
  einwirkung.

2. <u>Dynamisches Verhalten</u>
   - Aufgrund der hohen Eigenfrequenz der Meßeinrichtung
     (die gemessenen Eigenfrequenzen betragen für das Dreh-
     moment ca. 1,8 kHz und für die Biegemomente ca. 1,5
     kHz) ist es im Vergleich zu den dynamischen Eigenschaf-
     ten der Stelleinrichtung und des Fräsprozesses zulässig,
     das Meßspannfutter als Übertragungsglied mit Proportio-
     nalverhalten (P-Glied) zu betrachten.
   - Das dynamische Verhalten der Meßeinrichtung ist unab-
     hängig von der jeweils eingestellten Frässpindeldreh-
     zahl.

Den positiven Eigenschaften stehen folgende nachteilige Ge-
sichtspunkte gegenüber:
   - Rotierende Meßwertübertragung für drei Meßgrößen not-
     wendig.
   - Ausgleich drehwinkelabhängigen Übersprechens der Meßgrö-
     ßen $M_{B1}$ und $M_{B2}$ auf das Drehmoment $M_t^*$ erforderlich.
   - Meßeinsatz auf Schaftfräser beschränkt; bei der ande-
     ren Meßkombination sind dagegen beliebige Werkzeuge
     (Schaftfräser, Messerkopffräser) verwendbar.
   - Zur Bestimmung der Richtung der Biegemomentbelastung ist
     eine Transformation der im rotierenden Meßkoordinatensy-
     stem ermittelten Meßgrößen $M_{B1}$ und $M_{B2}$ auf das raumfeste
     maschinenbezogene Koordinatensystem mittels Koordinaten-
     wandler erforderlich. Für die Berechnung der Biegemoment-
     komponenten

$$M_{Bx} = M_{B1} \cos\vartheta - M_{B2} \sin\vartheta$$

$$M_{By} = M_{B1} \sin\vartheta + M_{B2} \cos\vartheta$$

muß dazu zusätzlich die momentane Winkellage $\vartheta$ des Meß-
koordinatensystems im Maschinenkoordinatensystem erfaßt

werden.

- Aus den Meßgrößen $M_{B1}$ und $M_{B2}$ bzw. $M_{Bx}$ und $M_{By}$ müssen analog zum Abdrängsensor mit einer Rechenschaltung (s. Bild 4-7) die Ersatzregelgrößen $M'_{B,i}$ und $M'_{BSt,i}$ ermittelt werden.
- Um bezüglich Bearbeitungsgenauigkeit Aussagen machen zu können, ist es ebenso wie beim Abdrängsensor erforderlich, die Zuordnung zwischen Fräserabdrängung, Fräsabdrängkraft und Biegemomentbelastung zu bestimmen.

<u>Bild 4-12</u> gibt exemplarisch die mit dem Meßspannfutter gemessenen Größen $M_t^*$, $M_{B1}$ und $M_{B2}$ wieder. Mit enthalten sind das übersprechkompensierte Drehmomentsignal $M_t$ sowie das Gesamt-

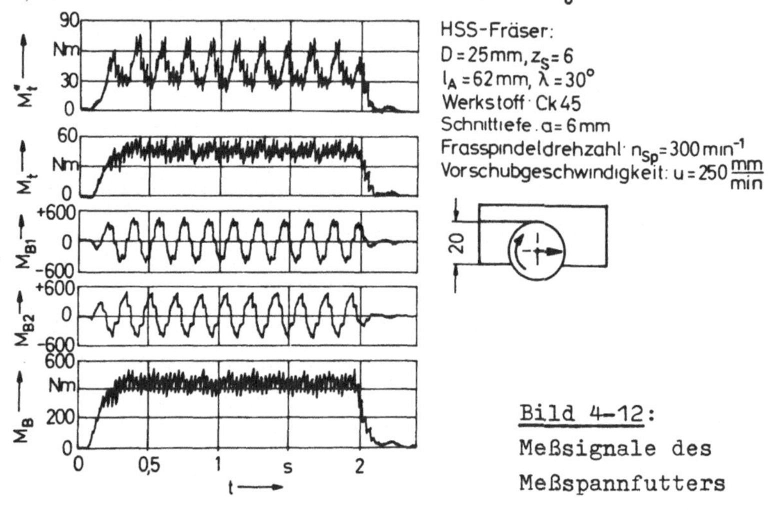


Bild 4-12:
Meßsignale des
Meßspannfutters

biegemoment $\dot{M}_B = \sqrt{M_{B1}^2 + M_{B2}^2}$. $M_t^*$ weist sehr starke, mit der Frässpindelumdrehung periodische Schwankungen auf ($T_{Sp}$ = $1/n_{Sp}$ = 180 ms), die, wie der Vergleich von $M_t$ mit $M_t^*$ zeigt, hauptsächlich eine Folge des Übersprechens der Biegemomente sind. Das übersprechkompensierte Drehmomentsignal $M_t$ ist in seinem zeitlichen Verlauf sehr ähnlich dem Biegemoment $M_B$. Die vom wechselnden Zahneingriff hervorgerufenen Belastungsschwankungen (Periodendauer $T_z = 1/(z_S \cdot n_{Sp})$ = 30 ms) sind sowohl im Dreh- als auch im Biegemomentverlauf deutlich zu erkennen.

## Zusammenfassung und Folgerungen für die Auslegung des AC-Reglers

Zur Erfassung des Schnittmoments sowie der Größe und Richtung des Fräserbiegemoments wurden zwei Meßkombinationen verglichen. Der Meßkombination Schnittmomentmessung über Hauptantrieb und Abdrängsensor ist gegenüber dem Meßspannfutter wegen der einfacheren Meßwertübertragung und der Verwendbarkeit sowohl beim Schaft- als auch Messerkopffräsen grundsätzlich der Vorzug zu geben. Die besonderen Vorteile des Meßspannfutters für Schaftfräser liegen in seiner größeren Meßempfindlichkeit und seinem guten dynamischen Verhalten.

Für die Auslegung des Auswahlreglers werden in dieser Arbeit beide Meßkombinationen zugrundegelegt. Für den Fall des Meßspannfuttereinsatzes muß bei der Reglerauslegung nur das Zeitverhalten des Stellglieds und des Fräsprozesses berücksichtigt werden.

Bei der Schnittmomentmessung über den Hauptantrieb und der Biegemomentmessung mit einem Abdrängsensor entstehen dagegen nicht vernachlässigbare Zeitverzögerungen, die eine andere dynamische Abstimmung des Reglers erfordern. Da das Zeitverhalten der Schnitt- und Biegemomentmessung bei dieser Meßkombination voneinander verschieden ist, verlangt die Regelung des Schnittmoments oder die des Biegemoments u.U. unterschiedliche Reglereinstellungen.

Zur Berechnung der Biegemoment-Ersatzregelgrößen $M'_{B,i}$ und $M'_{BSt,i}$ ist unabhängig von der Meßeinrichtung die multiplikative Einkoppelung des Proportionalitätsfaktors $l_A/l_M$ in die Meßkette notwendig. Die Schnittmomentmessung über den Hauptantrieb erfordert die Berücksichtigung der Getriebestellung und der Verlustmomente. Das Drehmomentsignal der Meßspanneinrichtung für Schaftfräser kann dagegen direkt als Regelgröße verwendet werden.

## 5 Festlegung der Auswahlregler-Grundstruktur

Zur Regelung der in Bild 3-1 angegebenen Prozeßkenngrößen
muß ein Auswahlregler eingesetzt werden, der den in Kapitel
4 betrachteten statischen und dynamischen Eigenschaften der
Regelkreisglieder angepaßt ist. Neben den aus dem Verhalten
der Regelkreisglieder Stelleinrichtung, Fräsprozeß und Maschine mit Meßeinrichtung resultierenden Forderungen an das
Regelverhalten bzw. den Regleraufbau (s. insbesondere 4.2
und 4.3) sind folgende weitere Gesichtspunkte zu berücksichtigen:

- Zum Schutz von Werkzeug, Werkstück und Maschine sind
  Sollwertüberschreitungen der Regelgrößen möglichst
  rasch durch Reduzierung der Stellgröße zu beseitigen.
  Die Regelgröße soll dabei ohne größeres Über- bzw. Unterschwingen und nicht zu großer Einschwingdauer den
  festgelegten Sollwert erreichen.
- Gefordert wird außerdem ein möglichst "glatter" Stellgrößenverlauf, um die dynamische Beanspruchung der
  Stelleinrichtung gering zu halten.
- Die gerätetechnische Realisierung des Reglers soll
  möglichst einfach sein. Dies schließt eine einfache Einstellung der Reglerparameter zur Erzielung eines bestimmten Regelverhaltens ein.

Zur Erfüllung der Aufgaben ist eine geeignete Auswahlreg-
lerstruktur gesucht. Im folgenden soll ausgehend von der
Reglerstruktur für eine Eingrößenregelung die Grundstruktur
des Auswahlreglers festgelegt und die grundsätzliche Arbeitsweise aufgezeigt werden.

### 5.1 Auswahlreglerstrukturen

Wird zur Regelung einer Kenngröße des Spanungsprozesses ein
Regler eingesetzt, der mit fest eingestellten Reglerparame-
tern arbeitet, so kann dieser nur für einen begrenzten Arbeitsbereich mit darauf abgestimmten Einstellwerten eine sta-

bile und "gute" Regelung gewährleisten.

Damit eine Grenzregelung auch bei sehr starken Schwankungen
der Bearbeitungsparameter zufriedenstellend arbeiten kann,
muß ein Regelsystem eingesetzt werden, das an die variable
Verstärkung der Regelstrecke und dessen Zeitverhalten angepaßt werden kann.

Eine Anpassung der Reglerparameter (Adaption) an unterschiedliche Streckenverstärkung und unterschiedliches Zeitverhalten ist durch gesteuerte oder geregelte Adaption möglich. Eine gesteuerte Adaption setzt Kenntnisse über Größe
und Verlauf der Bearbeitungsparameter während der Bearbeitung voraus. Bei der geregelten Adaption werden die Prozeß-
parameter selbsttätig identifiziert und die Reglereinstel-
lung über eine Entscheidungs- und Modifikationsstufe im Sinne einer günstigeren Einstellung verändert.

Von den beim Fräsen sich ändernden Bearbeitungsparametern
können nur die Zähnezahl $z_S$ und die Frässpindeldrehzahl
$n_{Sp}$ leicht erfaßt werden.

Die Kompensation der Auswirkungen von a, e, $k_S$-Änderungen
oder der Einfluß veränderlicher Bahnkrümmung auf die Strek-
kenverstärkung - diese Größen sind während der Bearbeitung
meßtechnisch nicht oder nur mit großem Aufwand erfaßbar -
erfordern einen Regler mit selbsttätiger Verstärkungsanpas-
sung.

Die Grundstruktur eines nach diesem Konzept arbeitenden Eingrößenreglers zeigt Bild 5-1, Fall a). In /27/ werden die
theoretischen Grundlagen und der Einsatz dieses Reglers beim
Drehen beschrieben. Über die Anwendung des Eingrößenreglers
beim Fräsen liegen bisher nur wenig /28/, über die Erweiterung zum Auswahlregler zur Regelung verschiedenartiger Prozeßkenngrößen beim Schaft- und Messerkopffräsen dagegen
noch keine Erkenntnisse vor.

Charakteristisch für den Eingrößenregler ist, daß er im Gegensatz zu den konventionellen Reglern, z.B. Proportional-Integral(PI)-Regler, nicht die Regeldifferenz sondern den Regelquotienten - z.B. in Bild 5-1, Fall a) $w_1/x_{RS1}$ - mit einem über eine Multiplikationsstelle rückgekoppelten Reglersystem verarbeitet. Das rückgekoppelte Reglersystem besteht aus einem linearen Übertragungsglied, dem Modell M in der Rückkoppelung und einem im "Vorwärtszweig" liegenden Funktionsbaustein, dem Steuerglied N, dessen Ausgangsgröße y die Stellgröße der Regelstrecke ist.

Das Modell hat die Aufgabe, den Regelkreis zu stabilisieren und multiplikativ auf die Regelstrecke einwirkende Störungen z zu identifizieren. Wie in 4.2 gezeigt wurde, wirken beim Spanungsvorgang Verstärkungsänderungen als multiplikative Störgrößen ein. Das Modell soll in seinem Zeitverhalten möglichst gut dem Zeitverhalten der Regelstrecke nachgebildet sein. Die Modellverstärkung ist fest. Das Steuerglied dient zur Festlegung eines geeignet erscheinenden Regelverhaltens beim Einwirken der Störungen. Das Produkt der Verstärkungen von Steuerglied N und Modell M sollte, um bleibende Regelfehler zu vermeiden, möglichst gleich Eins sein.

Das Regelsystem mit Modellrückkoppelung für variable Streckenverstärkung besitzt folgende bemerkenswerte Eigenschaften:
- Änderungen der Streckenverstärkung durch multiplikativ einwirkende Störungen werden <u>selbsttätig</u> kompensiert. Es ergibt sich daher ein Regelsystem mit fester Verstärkung, dessen dynamisches Eigenverhalten unabhängig von der Streckenverstärkung ist.
- Stimmen die dynamischen Eigenschaften von Modell M und Strecke S überein, so kompensieren sich die Antworten der Strecke und des Modells auf die Stellgröße y, und es wird nur die Störgröße zurückgeführt. Das Regelsystem kann in diesem Fall auch als Steuerkette dargestellt werden. Für das Ausregeln der Störgröße ist dann nur das Steuerglied N und die Strecke S bestimmend.

Da das Regelsystem lediglich für die Kompensation der Strek-
kenverstärkung ausgelegt ist, muß, um die Bedingung M = S bei
veränderlichem Zeitverhalten der Strecke S zu erfüllen, das
Zeitverhalten des Modells dem Zeitverhalten der Strecke gesteuert nachgeführt werden. Dazu müssen die Parameter, die
die Streckendynamik bestimmen, erfaßt und die entsprechenden
Kennwerte des Modells geändert werden. Damit auch das Steuerglied N bei sich änderndem Zeitverhalten der Strecke in ge-
wünschter Weise die Stellgröße y erzeugt, muß es ebenfalls
nachgestellt werden.

Die bisherigen Ausführungen bezogen sich auf die Regelung
einer Prozeßkenngröße (s. Bild 5-1, Fall a)). Die Erweiterung des Eingrößenreglers mit Modellrückkoppelung zum Auswahlregler soll zunächst am Beispiel der Auswahlregelung zwei-
er Prozeßkenngrößen betrachtet werden.

Die Fälle b), c) und d) in Bild 5-1 geben einen Überblick
über die prinzipiell möglichen Auswahlreglerstrukturen bei
der Verwendung des Prinzips der Modellrückkoppelung.

Im Fall b) werden zur wechselweisen Regelung der beiden Prozeßkenngrößen $x_{RS1}$ und $x_{RS2}$ im Vergleich zum Fall a) (Eingrößenregler) zusätzlich
   - ein Regler mit Modellrückkoppelung und
   - eine als Minimalwertauswahlelement (Min) aufgebaute
     Entscheidungsstufe
benötigt. Die Streckenmodelle $M_1$ und $M_2$ sowie die beiden
Steuerglieder $N_1$ und $N_2$ sind dabei jeweils an die unterschiedlichen dynamischen Eigenschaften der Regelstrecken $S_1$
und $S_2$ angepaßt. Damit kann ein nach einem bestimmten Krite-
rium gefordertes optimales Regelverhalten für die beiden
Einzel-Regelkreise getrennt eingestellt werden.

Das Minimalwertauswahlelement (Min) sorgt dafür, daß jeweils
- je nach vorliegenden Prozeßbedingungen - die kleinere ihrer beiden Eingangsgrößen auf den Ausgang durchgeschaltet
wird.

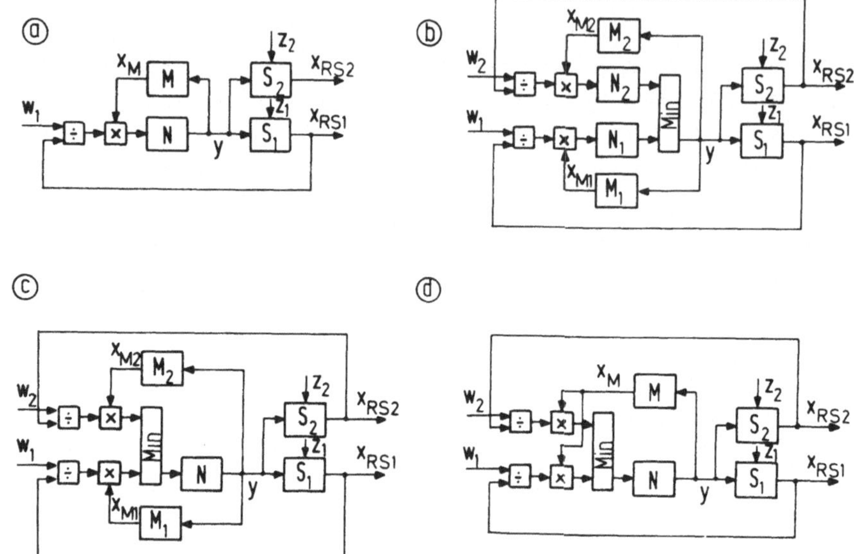

**Bild 5-1**: Möglichkeiten zur Erweiterung eines Eingrößenreglers mit Modellrückkoppelung zum Auswahlregler

Die Fälle c) und d) stellen Vereinfachungen des im Fall b) aufgezeigten Auswahlreglers dar. Sie kommen in erster Linie für die Anwendung bei der Fräsbearbeitung in Frage.

Fall c) wird eingesetzt, wenn die beiden Regelstrecken unterschiedliches dynamisches Verhalten aufweisen ($S_1 \neq S_2$) und dadurch bedingt zur Stabilisierung der Einzelregelkreise verschiedene Reglermodelle $M_1$ und $M_2$ benötigt werden. Diese Situation ist z.B. bei der Regelung der Prozeßkenngrößen Schnittmoment $M_{S,i}$ und Biegemoment $M_{B,i}$ gegeben, wenn die Größen durch Maschine oder Meßeinrichtung bedingt mit unterschiedlichem Zeitverhalten erfaßt werden, was bei der Schnittmomentmessung über den Hauptantrieb und beim Einsatz des Abdrängsensors zutrifft.

Das Steuerglied N ist im Fall c) und im Fall d) für beide Regelkreise gemeinsam vorhanden. Wie in 6.1.2 noch gezeigt wird, dient das Steuerglied hauptsächlich zur Unterdrückung periodischer Stellgrößenschwankungen bzw. damit verbunden zur Regelung der Spitzenwerte der Prozeßkenngrößen. Diese Aufgabe ist beim Fräsen unabhängig von der gerade zu regelnden Prozeßkenngröße Schnittmoment $M_{S,i}$, Fräserbiegemoment $M_{B,i}$ oder Biegemomentkomponente $M_{BSt,i}$ zu erfüllen, so daß es zweckmäßig ist, hierfür im Auswahlregler ein einziges Steuerglied vorzusehen.

Die Struktur des Auswahlreglers vereinfacht sich weiter (Bild 5-1, Fall d)), wenn die dynamischen Eigenschaften der Regelstrecken $S_1$ und $S_2$ gleich sind ($S_1 = S_2$) und die zur Erfassung der Prozeßkenngrößen eingesetzten Meßeinrichtungen annähernd dasselbe Zeitverhalten aufweisen, wie z.B. bei der Messung von $M_{S,i}$, $M_{B,i}$ und $M_{BSt,i}$ mit dem Meßspannfutter. Sowohl das Steuerglied als auch das Modell M werden dann nur einmal benötigt.

Das Auswahlelement könnte im Fall d) auch zwischen Divisions- und Multiplikationsstelle angeordnet werden, ohne daß sich am Regelverhalten der beiden Regelkreise etwas ändert, denn beide Divisionssignale werden mit demselben Modellsignal multipliziert.

Diese mögliche Anordnung der Entscheidungsstufe (Min) hat gerätetechnisch den Nachteil, daß für die Division und Multiplikation drei Rechenbausteine (zwei Dividierer, ein Multiplizierer) erforderlich wären. Zur Durchführung des Rechenvorgangs stehen analog arbeitende, integrierte Multifunktionsmodule zur Verfügung, mit denen die Funktionen Division und Multiplikation gleichzeitig ausführbar sind. Damit kommt man mit einem Rechenbaustein weniger aus.

Bild 5-1 gibt die Auswahlregelung von zwei Prozeßkenngrößen wieder. Die Realisierung des in Bild 3-1 angegebenen Grenzregelsystems erfordert jedoch die Überwachung und Regelung von drei Prozeßkenngrößen ($M_{S,i}$, $M_{B,i}$ und $M_{BSt,i}$). Legt man die in Abschnitt 4.3 betrachteten beiden Meßkombinationen zugrunde, so können für die Auswahlregelung der drei Prozeßkenngrößen die beiden folgenden Strukturen abgeleitet werden.

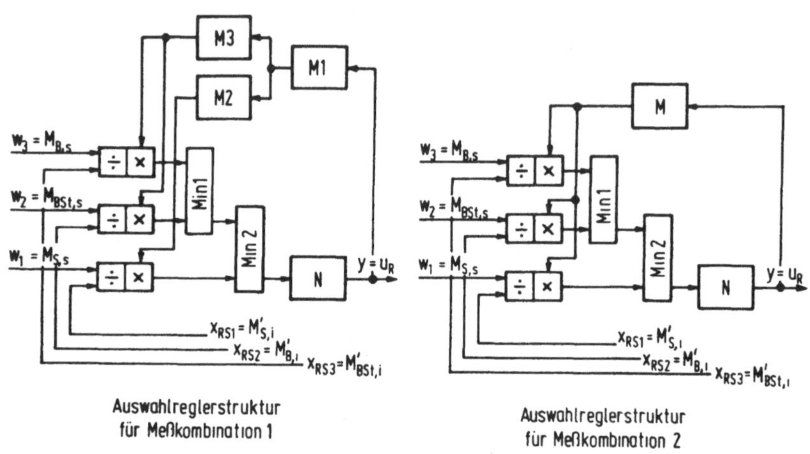


**Bild 5-2**: Strukturierung des Auswahlreglers zur Regelung von drei Prozeßkenngrößen

Im Vergleich zu den Strukturen in Bild 5-1 werden zur Regelung der drei Prozeßkenngrößen unabhängig von der jeweils verwendeten Meßkombination
    - ein drittes Divisions- und Multiplikationsglied sowie
    - ein weiteres Minimalwertauswahlelement (Min 2)
benötigt (**Bild 5-2**).

Liegt die Meßkombination 1 (Schnittmomentmessung über Hauptantrieb und Abdrängsensor) vor, so ist es vorteilhaft das dynamische Verhalten der Regelstreckenglieder Stelleinrichtung und Fräsprozeß für die drei Regelkreise gemeinsam nachzubilden. Sie sind in Modell $M_1$ zusammengefaßt. Modell $M_2$ dient zur Wiedergabe des dynamischen Verhaltens der Schnittmomentmessung, Modell $M_3$ beschreibt die dynamischen Eigenschaften der Biegemomentmessung.

Bei der Meßkombination 2 (Meßspannfuttereinsatz) werden alle drei Prozeßkenngrößen nahezu verzögerungsfrei erfaßt, so daß im Reglermodell nur das dynamische Verhalten der Stelleinrichtung und des Fräsprozesses nachzubilden sind.

Damit sind die gesuchten Grundstrukturen des Auswahlreglers für die Führung des Fräsprozesses mittels der Prozeßkenngrößen Schnittmoment $M_{S,i}$, Biegemoment $M_{B,i}$ und Biegemomentkomponente $M_{BSt,i}$ gefunden. Vor der Strukturierung und Dimensionierung der Auswahlreglerelemente soll noch die prinzipielle Arbeitsweise der Auswahlregelung und ihre Vorteile im Vergleich zur Eingrößenregelung und der konventionellen Bearbeitung mit konstanter Stellgröße Vorschubgeschwindigkeit aufgezeigt werden.

## 5.2 Prinzipielle Arbeitsweise der Auswahlregelung

Zur Darstellung der prinzipiellen Arbeitsweise der Auswahlregelung genügt es, den Verlauf von zwei Prozeßkenngrößen während des Regelvorgangs zu betrachten. Zugrundegelegt wird die Führung des Fräsvorgangs über die Auslastungskenngröße $M_{B,i}$ und die Kenngröße für die Bearbeitungsgenauigkeit $M_{BSt,i}$. Für die Betrachtung wird angenommen, daß die in Bild 5-3 angegebenen vier Fräsbearbeitungsfälle a) ... d) an einem Werkstück nacheinander vorkommen. Die Fräslängen seien jeweils gleich (Bild 5-3, oben).

Den möglichen Verlauf der beiden Prozeßkenngrößen bei konventioneller Bearbeitung zeigt Bild 5-3, links. Die Vorschubgeschwindigkeit u muß bei wechselnden Eingriffsverhältnissen so abgestimmt werden, daß im ungünstigsten Bearbeitungsfall - der zumeist vorher auch nicht bekannt ist - von den beiden vorgegebenen Grenzwerten $M_{B,max}$ und $M_{BSt,max}$ der kleinere - $M_{BSt,max}$ - mit Sicherheit noch eingehalten wird. Die Abstimmung der Vorschubgeschwindigkeit u auf den ungünstigsten Bearbeitungsfall d) führt zu einer schlechten Ausnutzung der zulässigen Grenzen in den drei anderen Fräsbearbeitungsfällen. Die Folge sind unnötig lange Bearbeitungszeiten $t_H$.

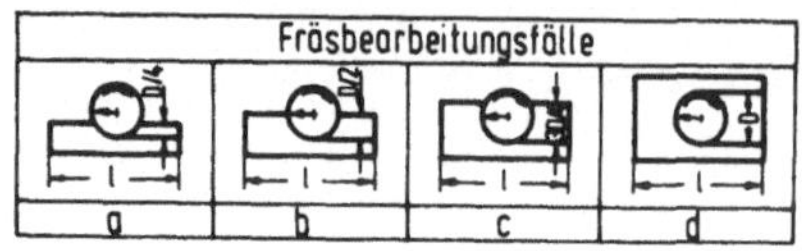



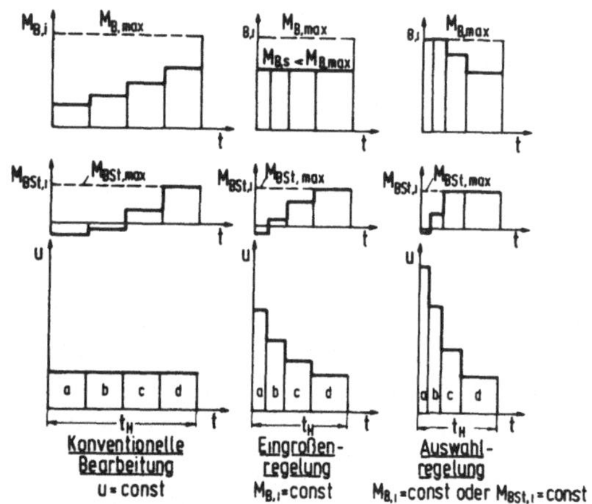



**Bild 5-3:** Vergleich der Methoden zur Führung des Fräsvorgangs

Eine bessere Ausnutzung der Grenzen für die Prozeßkenngrößen $M_{B,i}$ und $M_{BSt,i}$ wird mit einer Eingrößenregelung erreicht (Bild 5-3, Mitte), die das Biegemoment $M_{B,i}$ auf dem Sollwert $M_{B,s}$ konstant hält. Analog zur Einstellung der Vorschubgeschwindigkeit bei der konventionellen Bearbeitung muß der Sollwert $M_{B,s}$ so festgelegt werden, daß die nicht überwachte Prozeßkenngröße $M_{BSt,i}$ ihren zulässigen Grenzwert $M_{BSt,max}$ jedoch nicht überschreitet. Zu erkennen ist, daß die Eingrößenregelung im Vergleich zur konventionellen Bearbeitung eine Steigerung der Vorschubgeschwindigkeit zuläßt, wodurch auch die Bearbeitungszeit verkürzt werden kann.

Durch den Sollwert $M_{B,s} < M_{B,max}$ vergibt man aber die Möglichkeit mit größtmöglicher Vorschubgeschwindigkeit zu bearbeiten, wenn die Prozeßkenngröße $M_{BSt,i}$ noch weit unterhalb ihrer zulässigen Grenze $M_{BSt,max}$ liegt und dadurch noch eine Steigerung der Vorschubgeschwindigkeit zulässig wäre.

Eine optimale Führung des Fräsvorgangs hinsichtlich der Grenzen $M_{B,max}$ und $M_{BSt,max}$ wird durch den Einsatz der Auswahlregelung erreicht.

Überschreitet bei der Regelung z.B. der Regelgröße Biegemoment $M_{B,i}$ die Biegemomentkomponente $M_{BSt,i}$ aufgrund geänderter Eingriffsverhältnisse ihren zulässigen Grenzwert $M_{BSt,max}$, so wird der bisher vorschubgeschwindigkeitsbestimmende "Auslastungsregler" vom zweiten Regler, dem "Genauigkeitsregler" abgelöst. Der Ablösevorgang wird aus Bild 5-3, rechts deutlich. Der jetzt im Einsatz befindliche Regler übernimmt die weitere Führung des Fräsvorgangs und legt die Größe der Vorschubgeschwindigkeit fest. Die Biegemomentkomponente $M_{BSt,i}$ wird solange auf dem Sollwert $M_{BSt,s} = M_{BSt,max}$ gehalten, bis wiederum eine Änderung der Bearbeitungsbedingungen die Übernahme der Reglerfunktion durch den "Auslastungsregler" ermöglicht.

Der Bearbeitungsvorgang kann somit unter Ausnutzung der zulässigen Grenze für das Fräserbiegemoment $M_{B,max}$ oder der Grenze $M_{BSt,max}$ für die Biegemomentquerkomponente geführt werden.

Wie der Vergleich mit den beiden anderen Prozeßführungsmöglichkeiten in Bild 5-3 zeigt, liefert die Auswahlregelung durch die Einhaltung der Grenzen hinsichtlich der Bearbeitungszeit $t_H$ auch das günstigste Ergebnis.

# 6 Strukturierung und Dimensionierung des Auswahlreglers für den praktischen Einsatz

Zur Verwirklichung der in Bild 5-2 angegebenen Auswahlreglerstrukturen müssen zunächst die Reglerelemente ausgelegt werden. Dazu zählen
- die Modelle $M_1$, $M_2$ und $M_3$
- das Steuerglied N und
- die Minimalwertauswahlelemente (Min 1, Min 2).

Die in Kapitel 5 zusammengestellten und durch die Festlegung
der Reglergrundstruktur noch nicht erfüllten Forderungen hinsichtlich des Regelverhaltens und Regleraufbaus sind bei der
Auslegung zu berücksichtigen.

## 6.1 Auslegung der Reglerelemente

### 6.1.1 Modellbildung

Bei verzögerungsfreier Prozeßkenngrößenerfassung setzt sich
das Modell zusammen aus den Nachbildungen des dynamischen
Verhaltens der Regelstreckenglieder
- Stelleinrichtung und
- Fräsprozeß.

Je nachdem ob es sich bei der Werkzeugmaschine um eine strek-
ken- oder bahngesteuerte Maschine handelt, ist das Modell der
Stelleinrichtung nach 4.1 entweder als Verzögerungsglied 2.
oder 3. Ordnung aufzubauen.

Das aufwendigere Modell der Stelleinrichtung "Bahnsteuerung"
ist entsprechend Bild 6-1 zu realisieren; darin enthalten
ist die Nachbildung der Stelleinrichtung "Vorschubantrieb"
für eine streckengesteuerte Maschine.

Die das dynamische Verhalten der Stelleinrichtung bestimmen-
den Kennwerte

- Geschwindigkeitsverstärkung $K_V$,
- Kennkreisfrequenz $\omega_{0A}$ und
- Dämpfungsgrad $D_A$

können direkt eingestellt und leicht an die wirklichen Verhältnisse der Maschine angepaßt werden. Da die Geschwindigkeitsverstärkung der Lageregelkreise in dem für den Spanungsvorgang üblichen Vorschubgeschwindigkeitsbereichen fest-

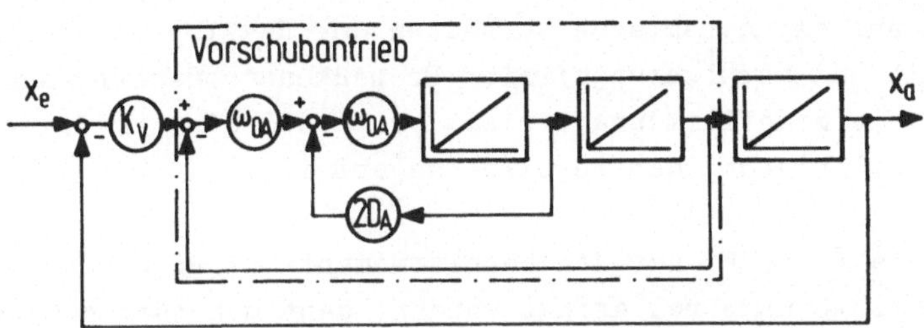


<u>Bild 6-1</u>: Rechenschaltung zur Nachbildung des dynamischen
Verhaltens der Stelleinrichtung "Bahnsteuerung"


liegt /22/, sind die Kennwerte des Modells der Stelleinrichtung nur einmal bei der Inbetriebnahme der Grenzregeleinrichtung an der Werkzeugmaschine einzustellen. Ein zusätzlicher Aufwand für die Bedienung der Grenzregeleinrichtung
ergibt sich dadurch nicht.


Die in Gl. 4.5 angegebene Übertragungsfunktion für das dynamische Verhalten des Fräsprozesses kann nach /27/ durch ein
Verzögerungsglied 2. Ordnung mit den Kennwerten

- Dämpfungsgrad $D_F$ = 0,8 und
- Kennkreisfrequenz $\omega_{0F} = \pi \cdot n_{Sp} \cdot z_S = \pi/T_z$

approximiert werden.

Zur Nachführung des Modells des Fräsprozesses an geänderte
Bearbeitungsparameter $n_{Sp}$ und $z_S$ muß das Produkt $n_{Sp} \cdot z_S$ als
Steuergröße zur Einstellung des Modellkennwertes $\omega_{0F}$ gebildet werden. Das Fräsprozeßmodell ist entsprechend dem in
Bild 6-1 eingerahmten Schaltungsteil aufzubauen. Der Modellparameter $\omega_{0F}$ kann durch multiplikative Aufschaltung der

Steuergröße $n_{Sp} \cdot z_S$ verändert werden, wozu anstelle der Potentiometer für die Einstellung der Kennkreisfrequenz $\omega_{OF}$ Multiplizierer einzubauen sind.

Durch die gesteuerte Nachführung des Fräsprozeßmodells wird sichergestellt, daß die Grenzregelung auch bei sehr unterschiedlichen Drehzahlwerten $n_{Sp}$ und Zähnezahlen des Werkzeugs $z_S$ stabil ist Da auch Verstärkungsschwankungen keinen Einfluß auf das dynamische Verhalten des Regelsystems haben, ist damit bei verzögerungsfreier Prozeßkenngrößenerfassung bereits die Modellbildung abgeschlossen und die Forderung nach Stabilisierung der Regelkreise erfüllt.

Können die Prozeßkenngrößen Schnittmoment und Biegemoment nicht verzögerungsfrei erfaßt werden, dann muß nach dem Reglerentwurfsprinzip (s. 5.1) zur Stabilisierung der Einzelregelkreise zusätzlich zu den Nachbildungen der Stelleinrichtung und des Fräsprozesses das Zeitverhalten der Prozeßkenngrößenerfassung im Modell nachgebildet werden. Wegen des im allgemeinen unterschiedlichen Zeitverhaltens der Schnitt- und Biegemomentmessung ist - wie in Bild 5-2, links dargestellt - die getrennte Berücksichtigung erforderlich. Das Zeitverhalten der Prozeßkenngrößenerfassung kann nach Abschnitt 4.3 durch das eines Verzögerungsgliedes 1. oder 2. Ordnung wiedergegeben werden.

## 6.1.2 Steuerglied

Durch den Einsatz des Steuerglieds N wird folgenden Forderungen entsprochen:
- Begrenzung der Stellgröße sowie
- Glättung periodischer Stellgrößenschwankungen und Regelung der Spitzenwerte der Prozeßkenngrößen.

Zur Limitierung der Stellgröße dient ein Begrenzerbaustein, dessen untere und obere Grenze in Abhängigkeit von $n_{Sp}$ und

$z_S$ entsprechend den Gl. 4.8 und 4.9 gesteuert werden müssen.

Koppelt man eine Prozeßkenngröße wie z.B. das Schnittmoment als Regelgröße unverzögert auf den Eingang des AC-Reglers zurück, dann wird - wie der Regel- und Stellgrößenverlauf ① in Bild 6-13 zeigt -
- der Stelleinrichtung eine unerwünschte wellige Stellbewegung aufgezwungen und
- nur der Mittelwert der Prozeßkenngröße und nicht der Spitzenwert auf dem vorgegebenen Sollwert gehalten.

Zur Verbesserung dieses ungünstigen Verhaltens bieten sich als Lösungen der Einbau
- einer Maximalwertspeichereinrichtung in die Rückführung der jeweiligen Regelgröße oder
- eines nichtlinearen Verzögerungsgliedes oder
- einer Minimalwertspeichereinrichtung in das Steuerglied des Reglers

an.

Den Einsatz einer Maximalwertspeichereinrichtung hat der Verfasser für die Eingrößenregelung bei der Fräsbearbeitung vorgeschlagen /29/. Die Verwendung der Maximalwertspeichereinrichtung in einer Auswahlregelung ist aber nicht vorteilhaft, weil entsprechend der Zahl der zu überwachenden Prozeßkenngrößen diese Einrichtung mehrmals benötigt wird und außerdem ihr Zeitverhalten in der Modellrückkoppelung des Reglers zu berücksichtigen ist. Im Rahmen dieser Arbeit wurden deshalb die beiden anderen Lösungsmöglichkeiten erprobt.

Der Einsatz eines nichtlinearen Verzögerungsgliedes wurde bereits in /27/ vorgeschlagen. Die Ausführungen beschränken sich dort auf die Beschreibung der prinzipiellen Wirkungsweise. Für die praktische Anwendung werden jedoch quantitative Angaben für die Dimensionierung des Glättungsgliedes benötigt, die im folgenden gegeben werden sollen.

Das nichtlineare Glättungsglied ist ein Kompromiß hinsichtlich der Glättung periodischer Stellgrößenschwankungen und
der Regelung der Spitzenwerte. Eine genauere Regelung der
Spitzenwerte der Prozeßkenngrößen ist mit einer Minimalwertspeichereinrichtung möglich. Die Auslegung der Minimalwertspeichereinrichtung für einen Regler mit Modellrückkoppelung wird im Anschluß an die Betrachtung des nichtlinearen
Verzögerungsgliedes behandelt.


## 6.1.2.1 Nichtlineares Verzögerungsglied

Der Aufbau und die prinzipielle Wirkungsweise des nichtlinearen Verzögerungsgliedes ist in __Bild 6-2__ wiedergegeben.

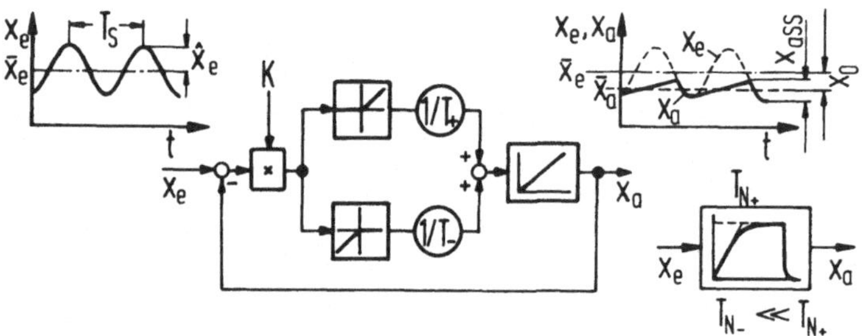

__Bild 6-2__: Nichtlineares Verzögerungsglied 1. Ordnung /27/

Fällt die Eingangsgröße $x_e(t)$ ab, so folgt die Ausgangsgröße
$x_a(t)$ praktisch unverzögert mit der sehr kleinen Zeitkonstanten $T_{N-} = T_-/K$. Bei ansteigender Eingangsgröße $x_e(t)$ tritt
hingegen eine große Verzögerung der Ausgangsgröße $x_a(t)$ mit
der Zeitkonstanten $T_{N+} = T_+/K$ auf.


Die Antwort $x_a(t)$ des nichtlinearen Verzögerungsglieds auf
ein Eingangssignal $x_e(t)$, das aus einem statischen und einem sinusförmig sich ändernden Anteil

$$x_e(t) = \overline{x}_e + \hat{x}_e \cdot \sin \omega t \qquad (6.1)$$

besteht, ist eine Funktion, deren periodische Komponente
<u>nicht</u> sinusförmig von $\omega t$ abhängt. Der Mittelwert über eine
Periode, mit der Periodendauer $T_S = 2\pi/\omega$,

$$\bar{x}_a = \frac{1}{T_S} \int_{t}^{t + T_S} x_a(t)\, dt \qquad (6.2)$$

ist um $\quad x_0 = \bar{x}_e - \bar{x}_a \qquad\qquad\qquad (6.3)$

gegenüber der Nullinie der periodischen Komponente der Eingangsgröße verschoben. Der periodische Anteil von $x_a(t)$ besitzt die Schwingungsbreite $x_{aSS}$ (s. Bild 6-2).

Ein Maß für die Glättungswirkung des nichtlinearen Verzögerungsgliedes 1. Ordnung ist der Quotient von Schwingungsbreite der Ausgangsgröße $x_{aSS}$ zu Schwingungsbreite der Eingangsgröße $2 \cdot \hat{x}_e$, als Glättungsfaktor bezeichnet. Da $T_{N-} \ll T_{N+}$
ist, hängt die Glättungswirkung praktisch nur von der Zeitkonstanten $T_{N+}$ - der Glättungszeitkonstanten - und der Frequenz f des Eingangssignals ab.

Um für die Dimensionierung der Glättungszeitkonstanten $T_{N+}$
einen Anhaltspunkt zu haben, wurden der Glättungsfaktor
$x_{aSS}/2\hat{x}_e$ sowie der Quotient von Mittelwertverschiebung $x_0$ zu
Schwingungsamplitude $\hat{x}_e$ als Funktion von $\omega T_{N+}$ berechnet
(<u>Bild 6-3</u>).

Um z.B. einen Glättungsfaktor von 0,1 zu erreichen, muß die
Glättungszeitkonstante $T_{N+} = 28/(2\pi f)$ gewählt werden. Bei ei-
ner Frequenz f = 10 Hz resultiert hieraus für $T_{N+} \approx 0{,}45$ s.
Die dazugehörige Mittelwertverschiebung beträgt $x_0 \approx 0{,}9\,\hat{x}_e$.

Zur Aufrechterhaltung der Glättungswirkung muß bei veränderlicher Frequenz f der Eingangsgröße $x_e$ die Glättungszeitkonstante $T_{N+}$ umgekehrt proportional zu f gesteuert
werden. In Bild 6-2 wird dies durch multiplikative Aufschaltung des frequenzproportionalen Faktors K erreicht.

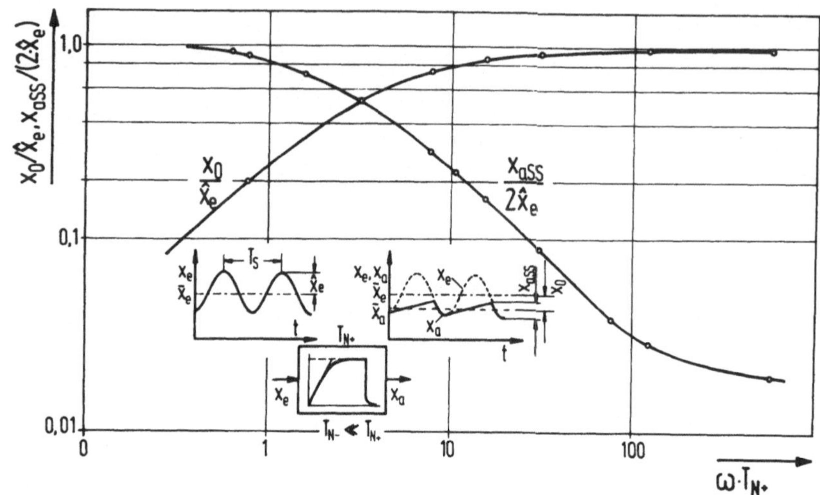

**Bild 6-3:** Glättungsfaktor $x_{aSS}/2\hat{x}_e$ und Mittelwertverschiebung $x_0/\hat{x}_e$ eines nichtlinearen Verzögerungsgliedes 1. Ordnung

## 6.1.2.2 Minimalwertspeichereinrichtung

Der grundsätzliche Aufbau und die Arbeitsweise der Minimalwertspeichereinrichtung geht aus **Bild 6-4** hervor. Die Aufgabe der Schaltungsanordnung besteht darin, den jeweils während einer Frässpindelumdrehung auftretenden Kleinstwert der Eingangsgröße $x_e$ zu erfassen, abzuspeichern und als Stellgrößenwert bei der nächsten Frässpindelumdrehung auszugeben.

Die Minimalwertspeichereinrichtung besteht aus zwei Speichergliedern A und B, deren Ausgangsgrößen $x_A$ bzw. $x_B$ über einen elektronischen Schalter abwechselnd, jeweils nach einer Frässpindelumdrehung auf den Ausgang $x_a$ geschaltet und deren Speicherinhalt ebenso abwechselnd, jedoch in umgekehrter Reihenfolge gelöscht und auf einen neuen Wert gesetzt werden.

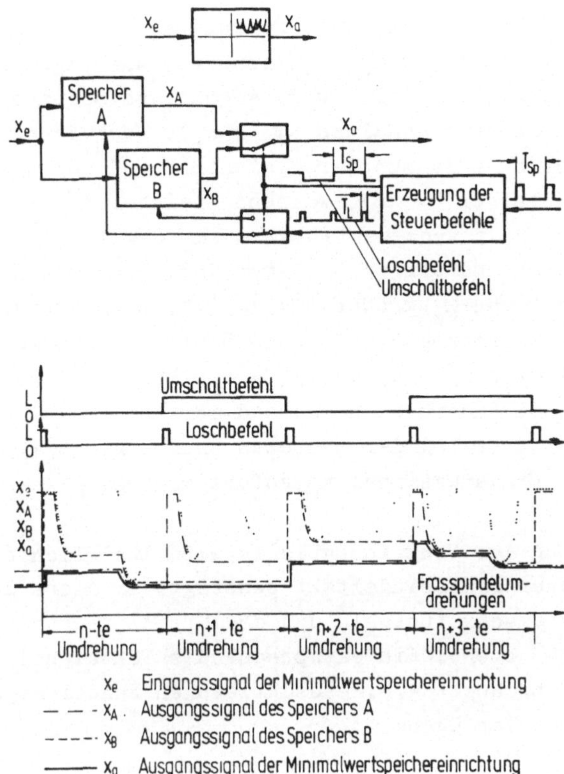



**Bild 6-4:** Aufbau und Wirkungsweise einer Minimalwertspeichereinrichtung

Zur Erläuterung der Funktionsweise der Minimalwertspeichereinrichtung sei zu Beginn der n-ten Frässpindelumdrehung folgende Situation gegeben: Der Speicher A ist auf den Ausgang durchgeschaltet ($x_A = x_a$) und Speicher B wird auf den aktuellen Wert der Eingangsgröße zurückgesetzt ($x_B = x_e$). Fällt $x_e$ im Verlauf der n-ten Umdrehung ab, so folgt $x_B$ diesem Signal unverzögert. Steigt $x_e$ während dieser Umdrehung wieder an, so hält $x_B$ den kleinsten erreichten Wert von $x_e$, jedoch nur so lange, bis $x_e$ den gespeicherten Wert

$x_B$ wieder unterschreitet. Sinkt $x_e$ soweit ab, daß auch der
vom Speicher A gehaltene Wert $x_A$ unterschritten wird, so
folgt dieser ebenfalls $x_e$. Bei erneutem Anstieg von $x_e$ wird
der zuvor erreichte Minimalwert sowohl vom Speicher A als
auch vom Speicher B gehalten ($x_A = x_B$). Nach Beendigung der
n-ten Umdrehung wird nun der Speicher B auf den Ausgang
durchgeschaltet ($x_a = x_B$), während Speicher A auf den aktuellen Wert von $x_e$ zurückgesetzt wird ($x_A = x_e$). Da der vom
Speicher A während der (n + 1)-ten Umdrehung übernommene
kleinste Wert von $x_e$ größer als $x_B$ ist, entsteht am Ende der
(n + 1)-ten Umdrehung eine stufenförmige Zunahme des Aus-
gangssignals von $x_a = x_B$ auf $x_a = x_A$. Das nun anstehende
Ausgangssignal ändert sich während der (n + 2)-ten Umdrehung
nicht, folgt aber bei der nächsten Umdrehung (n + 3) einem
abfallenden Eingangssignal $x_e$ sofort wieder.

Zur Steuerung des Funktionsablaufs wird lediglich ein dreh-
zahlsynchroner Frässpindeltakt benötigt. Er dient zur Erzeugung des Umschaltbefehls und des Speicher-Löschbefehls
(s. Bild 6-4, oben). Ein entsprechendes Taktsignal steht
von der in Abschnitt 4.3.2 beschriebenen Funktionsgeber-
schaltung zur Verfügung.

Die Speicherglieder A und B können entsprechend <u>Bild 6-5</u>
aufgebaut werden. Die Schaltung ergibt sich aus der in Bild
6-2 dargestellten Schaltung des nichtlinearen Verzögerungsgliedes. Bei fallendem Eingangssignal $x_e$ folgt $x_A$ bzw. $x_B$.

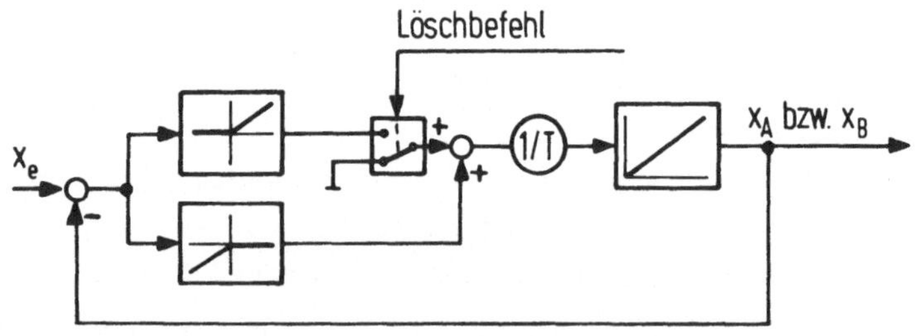


<u>Bild 6-5</u>: Blockschaltbild der Speicherglieder

mit der sehr kleinen Zeitkonstanten T. Im Löschbetrieb wird $x_A$ bzw. $x_B$ ebenfalls mit der Zeitkonstanten T auf den aktuellen Wert von $x_e$ zurückgesetzt. Im Speicherbetrieb wird der Eingang des Integrierers auf Null gesetzt.

## 6.1.3 Minimalwertauswahl

Die Minimalwertauswahl kann entweder mit Hilfe eines Komparators (mit Relaiskontakten oder elektronisch) oder eines Begrenzerbausteins realisiert werden (Bild 6-6).

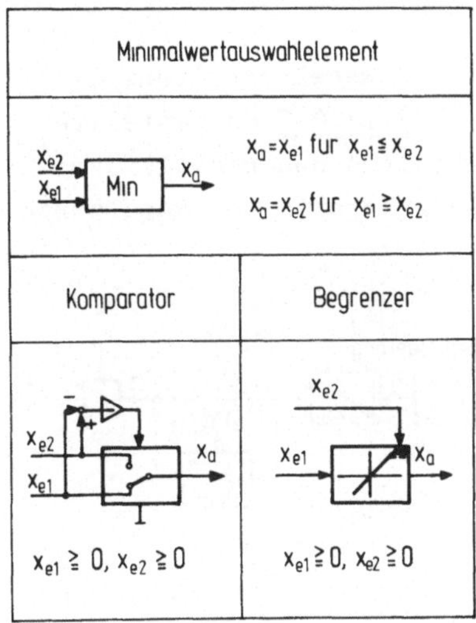


Bild 6-6: Realisierungsmöglichkeiten der Minimalwertauswahl

Der Arbeitsbereich der angegebenen Schaltungen beschränkt sich auf positive Eingangssignale. Dies bedeutet für den Regelbetrieb keine Einschränkung, weil eine Vorzeichenänderung der Stellgröße Vorschub- bzw. Bahngeschwindigkeit während der Regelung nicht zulässig ist, da sonst das Werkzeug außer Schnitt gerät. Die für die Multiplikation und Division verwendeten Rechenbausteine des Reglers arbeiten außerdem im Ein-Quadrantenbetrieb, so daß nur Eingangsgrößen eines Vorzeichens dem Auswahlelement zugeführt werden. Für die Realisierung der Grenzregelung wurde als Auswahlelement der Begrenzer ausgewählt, da er mit geringem Aufwand realisiert werden kann und sehr genau und ohne Schaltkontakte arbeitet.

## 6.2 Regelverhalten der Auswahl-Grenzregelung

Zur Beurteilung des Regelverhaltens des Auswahlregelsystems
ist es erforderlich,
- das Regelverhalten der Einzelregelkreise und
- den "Ablösevorgang" beim Übergang von der Regelung der
  einen Prozeßkenngröße zur Regelung der anderen Prozeßkenngröße

darzustellen.


### 6.2.1 Regelverhalten der Einzelregelkreise

Die Grundlage für die Betrachtung des Regelverhaltens der
einzelnen Regelkreise bildet das in Bild 6-7 dargestellte
Blockschaltbild. Weil das Regelverhalten des nichtlinearen
Regelsystems mit Modellrückkoppelung bereits bei Regelstrek-

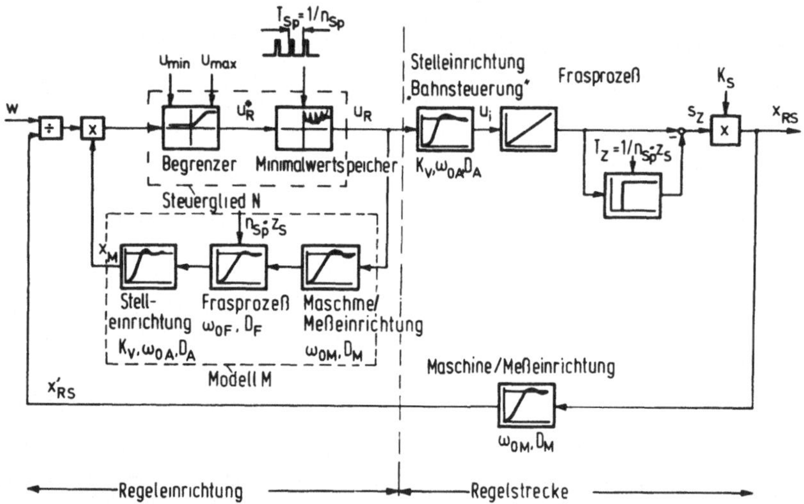


Bild 6-7: Blockschaltbild eines Regelkreises des Auswahlregelsystems

ken 1. Ordnung mathematisch schwierig zu beschreiben ist
/27/, wurde zur Ermittlung des Regelverhaltens des hier betrachteten Regelsystems höherer Ordnung der Weg der Simulation gewählt.

Untersucht wird der zeitliche Verlauf der Regelgröße $x_{RS}(t)$ - stellvertretend für eine der drei Prozeßkenngrößen $M_{S,i}$, $M_{B,i}$ und $M_{BSt,i}$ - und der Stellgröße $u_R(t)$ unter dem Einfluß von Störgrößen, die eine multiplikative Änderung der Streckenverstärkung $K_S$ hervorrufen.

Hinsichtlich des Zeitverhaltens der Regelkreisglieder werden folgende Annahmen getroffen:

- Bei der Stelleinrichtung handle es sich um eine Bahnsteuerung, deren dynamisches Verhalten dem dynamischen Verhalten eines Lageregelkreises (s. Abschnitte 4.1 und 6.1.1) entspricht. Für Lageregelkreise mit einem Vorschubantrieb als Verzögerungsglied 2. Ordnung werden in /22/ zur Erzielung möglichst kleiner Bahnabweichungen folgende Einstellempfehlungen gegeben:

$$K_V/\omega_{OA} = 0,4 \;(\ldots\; 0,5), \qquad D_A = 0,5.$$

  Hinsichtlich des Verhältnisses $K_V/\omega_{OA}$ werden in der Praxis, um mit Sicherheit ein Überschwingen beim Einfahren in eine bestimmte Zielposition zu vermeiden, erfahrungsgemäß aber auch kleinere $K_V/\omega_{OA}$-Verhältnisse eingestellt, die bis herab zu $K_V/\omega_{OA} = 0,2$ und kleiner reichen können.

  Ein repräsentativer Wert für die Kennkreisfrequenz von Vorschubantrieben ist $\omega_{OA} = 150 \; s^{-1}$.

- Als Glied der Regelstrecke betrachtet enthält der Fräsprozeß - wie in Bild 6-7 dargestellt - ein Integrier- und Totzeitglied. In der Modellrückkoppelung wird er als Verzögerungsglied 2. Ordnung nachgebildet.

  Die das Zeitverhalten des Fräsprozesses bestimmende Kenngröße $T_z$ und entsprechend dazu $\omega_{OF} = \pi/T_z$ nehme die Werte $T_z = 0,01$, $0,05$ und $0,16 \; s$ an. Der in 4.2 angegebene Änderungsbereich für $T_z$ wird damit weitgehend abgedeckt.

  Eine Änderung des Kennwerts $T_z$ zieht nach 4.2 eine Änderung der Streckenverstärkung nach sich. Um das Einschwingverhalten besser vergleichen zu können, wird dieser Einfluß bei der Simulation ausgeglichen, so daß die Regelkreisverstärkung vor dem Auftreten der Strekkenverstärkungsänderung immer $K_S = K_{SO} = 1$ ist.

- Das Zeitverhalten der Prozeßkenngrößenerfassung, verursacht von Maschine und Meßeinrichtung (s. 4.3), entspreche zum einen dem eines Proportional- und zum andern dem eines Verzögerungsgliedes 1. bzw. 2. Ordnung.

- Das Übertragungsverhalten des Steuerglieds sei zunächst $N = 1$. Die Auswirkungen des nichtlinearen Verzögerungsgliedes und der Minimalwertspeichereinrichtung werden gesondert betrachtet.

- Die Streckenverstärkung ändere sich im Sinne einer Belastungsvergrößerung sprungartig. Dies ist der ungünstigste Störungsfall.

### 6.2.1.1 <u>Einfluß der Streckendynamik auf den Ausregelvorgang bei verzögerungsfreier Prozeßkenngrößenerfassung</u>

In <u>Bild 6-8</u> ist der Verlauf der Regel- und Stellgröße $x_{RS}(t)$ bzw. $u_R(t)$ bei einer sprungförmigen Streckenverstärkungsänderung von $K_S = K_{SO} = 1$ auf $K_S = K_{S1} = 2$ für die beiden Fälle $K_V/\omega_{OA} = 0,2$ und $K_V/\omega_{OA} = 0,4$ getrennt dargestellt, wobei $T_M = 0$ ist.

Die Schnelligkeit des Ausregelvorgangs wird, da das Übertragungsverhalten des Steuerglieds gleich Eins ist, nur von der Dynamik des Stellglieds und des Fräsprozesses bestimmt.

Im ersten Fall ($K_V/\omega_{OA} = 0,2$) strebt die Regelgröße $x_{RS}$ nach der sprungförmigen Auslenkung aperiodisch gedämpft ihrem Endwert zu.

Im zweiten Fall ($K_V/\omega_{OA} = 0,4$) erfolgt das Ausregeln der Störung wegen der größeren Geschwindigkeitsverstärkung $K_V$ etwas schneller. Es ergibt sich ein Einschwingvorgang mit gedämpften Schwingungen der Regelgröße um den Sollwert, die jedoch nur bei kleinen $T_Z$-Werten ($T_Z = 0,01$ s) störend in Er-

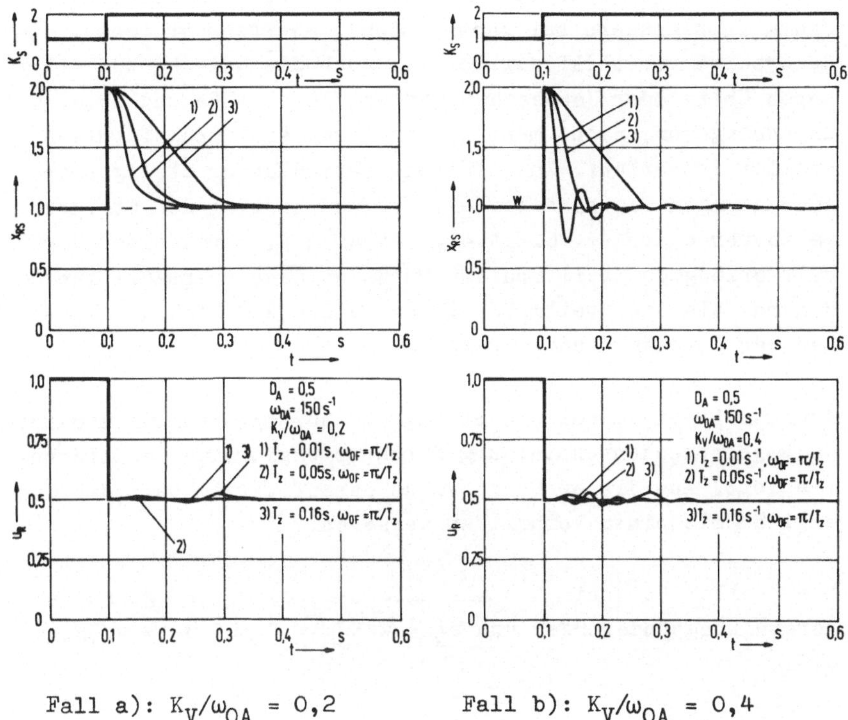

Fall a): $K_V/\omega_{OA} = 0,2$          Fall b): $K_V/\omega_{OA} = 0,4$

**Bild 6-8:** Einfluß unterschiedlicher Streckendynamik auf den Ausregelvorgang bei sprungförmiger Streckenverstärkungsänderung

scheinung treten.

Bei kleinen $T_z$-Werten des Fräsprozesses bestimmt hauptsächlich das Zeitverhalten der Stelleinrichtung die Schnelligkeit des Ausregelvorgangs. Bei größeren $T_z$-Werten ($T_z \geqq$ 0,05 s) wird dagegen die Dynamik des Ausregelvorgangs im wesentlichen durch den Fräsprozeß geprägt. Die Regelabweichungen werden aufgrund der größeren $T_z$-Werte langsamer ausgeregelt.

Durch den Einbau eines Vorhalts in das Steuerglied ließe sich zwar einerseits ein schnellerer Abbau der Regelabweichung insbesondere bei zunehmenden $T_z$-Werten erreichen, andererseits verstärkt der Vorhalt auch die Neigung zum stärkeren Über- oder Unterschwingen der Regelgröße und zu einem ungünstigeren, nicht mehr sprung-, sondern impulsförmigen Stellgrößenverlauf. Zur Glättung periodischer Stellgrößenschwankungen ist es erforderlich, den Anstieg der Stellgröße zu verzögern (s. 6.2.1.4). Bei großen, durch einen Vorhalt erzeugten Stellimpulsen würde es dann übermäßig lange dauern, bis die Stellgröße ihren Endzustand nach dem Einwirken der Sprungstörung erreicht.

Angestrebt wird, daß die Stellgröße auf sprungartig zunehmende Regelstreckenverstärkung durch sprungförmige Reduzierung reagiert. Aus diesem Grund wurde darauf verzichtet, das Steuerglied mit einem Vorhalt zu versehen.

Die Stellgröße springt - wie Bild 6-8 zeigt - aufgrund der Verstärkungsänderungen von $u_R = w/K_{SO} = 1$ auf $u_R = w/K_{S1} = 0,5$.

Da das Modell des Fräsprozesses das tatsächliche dynamische Verhalten nur angenähert wiedergibt, weicht der Verlauf der Stellgröße von dem sich bei Übereinstimmung von Modell und Strecke ergebenden rein sprungförmigen Verlauf vorübergehend geringfügig ab. Diese Abweichung hommt jedoch nur dann stärker zum Vorschein, wenn das Zeitverhalten des Fräsprozesses im Verhältnis zum Zeitverhalten des Stellglieds dominiert und sich somit auch die Unterschiede zwischen tatsächlicher und angenäherter Dynamik des Fräsprozesses stärker auswirken können.

6.2.1.2 <u>Einfluß der Modellparameter auf das Regelverhalten</u>

Bei der Betrachtung in 6.2.1.1 wurde von einer möglichst

guten Übereinstimmung von Modell und Strecke ausgegangen.Im
Realfall treten jedoch immer Abweichungen auf. In <u>Bild 6-9</u>
ist die Auswirkung einer ungenauen Nachführung der Kennkreisfrequenz des Fräsprozeßmodells, die z.B. durch eine nicht
exakte Erfassung der Frässpindeldrehzahl $n_{Sp}$ verursacht sein

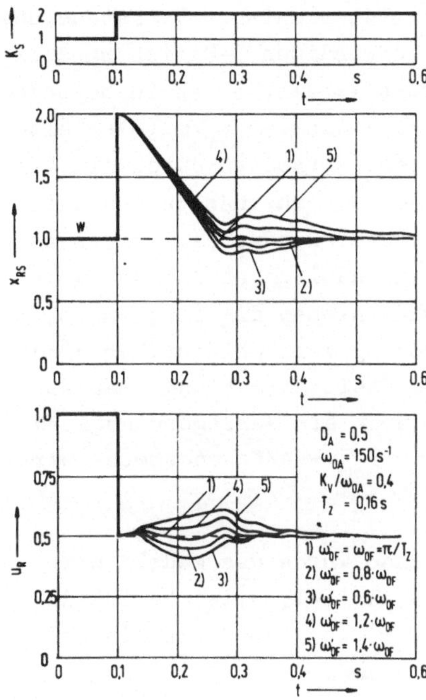



<u>Bild 6-9</u>: Auswirkung einer
Fehleinstellung der Kenn-
kreisfrequenz des Fräsprozeßmodells auf das Regel-
verhalten

kann, dargestellt. Zugrundegelegt wurde, daß die eingestell-
te Kennkreisfrequenz $\omega'_{OF}$ des Fräsprozeßmodells von der tatsächlichen Kennkreisfrequenz $\omega_{OF} = \pi/T_z$ um ±20 % bzw. ±40 %
abweicht. $\omega'_{OF} < \omega_{OF}$ liefert einen Regelvorgang, bei dem sich
die Regelgröße asymptotisch von oben ihrem Endwert nähert.
Ein verstärktes Unterschwingen der Regelgröße stellt sich
dagegen für $\omega'_{OF} > \omega_{OF}$ ein. Die Stellgröße reagiert wie bisher auf den Störungssprung ebenfalls mit einem Sprung,
wächst anschließend für $\omega'_{OF} < \omega_{OF}$ auf ein Maximum an bzw.
fällt für $\omega'_{OF} > \omega_{OF}$ auf ein Minimum ab, um danach dem Endwert $u_R = w/K_{S1} = 0{,}5$ zuzustreben.

Trotz der hier betrachteten starken Abweichungen des Modells des Fräsprozesses vom tatsächlichen dynamischen Verhalten des Fräsprozesses ergibt sich insgesamt aber noch ein befriedigendes Regelverhalten, so daß, wie hier gezeigt werden sollte, in gewissem Rahmen Abweichungen zulässig sind.

Das dynamische Verhalten der Stelleinrichtung "Bahnsteuerung" wurde bisher mit einem relativ aufwendigen 3-Speichermodell nachgebildet. Deshalb soll geprüft werden, ob es insbesondere bei den in der Praxis üblichen kleineren $K_V/\omega_{OA}$-Verhältnissen nicht genügt, das dynamische Verhalten durch ein Verzögerungsglied 1. Ordnung (P-$T_1$-Glied) anzunähern und damit der Forderung nach möglichst geringem Hardwareaufwand besser nachzukommen. Aus Gl. 4.3 kann nämlich abgeleitet werden, daß bei kleinen $K_V/\omega_{OA}$-Verhältnissen die frequenzabhängigen Glieder höherer als 1. Ordnung vernachlässigbar sind und das dynamische Verhalten der Stelleinrichtung "Bahnsteuerung" in __grober__ Näherung auch durch ein Verzögerungsglied 1. Ordnung mit der Zeitkonstanten $T_{BS} = 1/K_V$ angegeben werden kann.

Zur Überprüfung dieser Verhältnisse wurde das Modell der Stelleinrichtung dementsprechend als P-$T_1$-Glied berücksichtigt, als Bestandteil der Regelstrecke jedoch wie bisher als Verzögerungsglied 3. Ordnung belassen.

__Bild 6-10__ gibt den sich einstellenden Regelvorgang für verschiedene $K_V/\omega_{OA}$-Verhältnisse wieder. Bezüglich des Zeitverhaltens des Fräsprozesses wurde der für das Regelverhalten ungünstigste Fall, nämlich Proportionalverhalten ($\omega_{OF} \gg \omega_{OA}$) angenommen. Zu erkennen ist, daß das vereinfachte Modell der Stelleinrichtung für $K_V/\omega_{OA} > 0{,}2$ zu einem nicht mehr befriedigenden, weil stark schwingungsbehafteten Regelverhalten führt. Ein brauchbares Regelverhalten ergibt sich dagegen bei $K_V/\omega_{OA} \leqq 0{,}2$. Die Regelgröße $x_{RS}(t)$ nähert sich asymptotisch ihrem Endwert; die Stellgröße $u_R(t)$ weicht nur geringfügig von dem angestrebten sprungförmigen Stellgrößen-

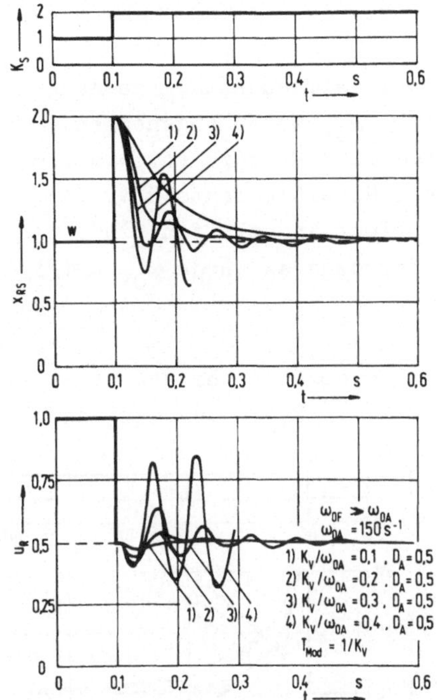



Bild 6-10: Regelverhalten bei Nachbildung der Stelleinrichtung durch ein P-$T_1$-Glied

verlauf ab. Die Nachbildung der Stellglieddynamik durch ein P-$T_1$-Glied ist also lediglich für $K_V/\omega_{OA} \leqq 0,2$ zulässig.

## 6.2.1.3 Einfluß des Zeitverhaltens der Prozeßkenngrößenerfassung auf den Regelvorgang

Die Auswirkung einer verzögerten Erfassung der Prozeßkenngrößen ist in den beiden folgenden Bildern wiedergegeben. In **Bild 6-11** entspricht das dynamische Verhalten der Prozeßkenngrößenerfassung dem eines Verzögerungsgliedes 1. Ordnung mit der Kennkreisfrequenz $\omega_{OM} = 1/T_M$. In **Bild 6-12** ist die Prozeßkenngrößenerfassung als Verzögerungsglied 2. Ordnung mit der Kennkreisfrequenz $\omega_{OM}$ und dem Dämpfungsgrad $D_M = 0,7$ berücksichtigt. Das Stellglied ist wie bisher ein Verzögerungsglied 3. Ordnung mit den Kennwerten $\omega_{OA} = 150\ s^{-1}$,

$D_A = 0,5$ und $K_V/\omega_{OA} = 0,2$ bzw. $0,4$.

Bezüglich des Verhältnisses Kennkreisfrequenz $\omega_{OM}$ zu Kennkreisfrequenz der Vorschubantriebe $\dot{\omega}_{OA}$ wurde angenommen: $\omega_{OM}/\omega_{OA} = 0,2$, $0,1$ und $0,05$. Dies sind Relationen, wie sie z.B. bei indirekter Erfassung des Schnittmoments über den Motorstrom des Hauptantriebs häufiger anzutreffen sind. Hinsichtlich der Dynamik des Fräsprozesses wurde $\omega_{OF} = \pi/T_z = 2\omega_{OA}$ vorausgesetzt.

Charakteristisch für die Einschwingvorgänge bei Übereinstimmung von Modell und Strecke (M = S) in Bild 6-11 ist, daß

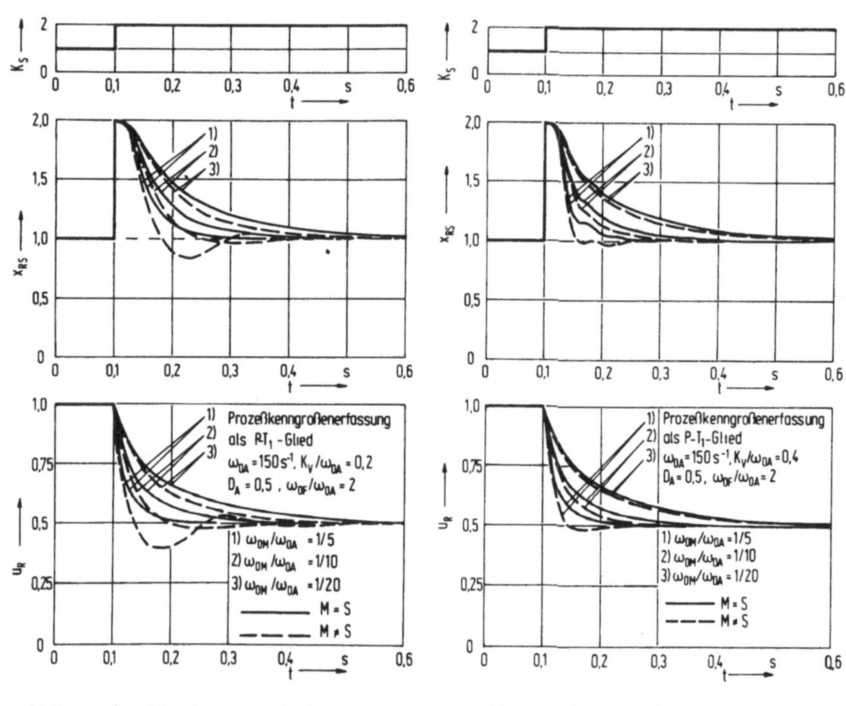



Fall a): $K_V/\omega_{OA} = 0,2$      Fall b): $K_V/\omega_{OA} = 0,4$

Bild 6-11: Regelverlauf bei Prozeßkenngrößenerfassung mit P-$T_1$-Verhalten sowie mit und ohne Berücksichtigung der Dynamik der Stelleinrichtung in der Modellrückkopplung

die Stellgröße bei Sprungeinwirkung der Verstärkung $K_S$ nicht
mehr sprungförmig wie bei proportional wirkender Prozeßkenngrößenerfassung (vgl. Bild 6-8), sondern nach einer nichtlinearen Funktion, die einer e-Funktion ähnlich ist, ihrem
Endwert zustrebt. Die Regelgröße erreicht ihren Sollwert
ebenfalls ohne unterzuschwingen.

Dominiert das Zeitverhalten der Prozeßkenngrößenerfassung
im Vergleich zum Zeitverhalten der Stelleinrichtung, so ist
es zur Reduzierung des Hardwareaufwands beim Regleraufbau
und - wie Bild 6-11 zeigt - auch zur Verbesserung des Regelverhaltens u.U. vorteilhaft, auf eine Nachbildung des dynamischen Verhaltens des Stellglieds zu verzichten.

Vernachlässigt man das dynamische Verhalten des Stellglieds
im Modell (M ≠ S), so läßt sich bei $K_V/\omega_{OA} = 0{,}2$ und $\omega_{OM}/\omega_{OA} = 0{,}2$ ein starkes Unterschwingen der Regel- und Stellgröße unter ihre Endwerte jedoch nicht vermeiden. Als
günstig bezeichnet werden können dagegen die Einschwingvor-
gänge bei größeren $K_V/\omega_{OA}$- und kleineren $\omega_{OM}/\omega_{OA}$-Verhält-
nissen. Am geringsten wirkt sich die Vernachlässigung der
Stellglieddynamik auf den Verlauf der Regel- und Stellgrö-
ße bei $K_V/\omega_{OA} = 0{,}4$ und $\omega_{OM}/\omega_{OA} = 0{,}05$ aus. Der Forderung
nach möglichst schnellem Ausregeln der Störgröße könnte in
diesem Fall nur durch den Einbau eines Vorhalts im Steuerglied besser entsprochen werden. Auf die Darstellung dieses
Einflusses wird hier verzichtet.

Aus Bild 6-12 ist zu entnehmen, daß die Prozeßkenngrößenerfassung mit $P\text{-}T_2$-Verhalten auch bei Übereinstimmung von
Modell und Strecke (M = S) zu einem Einschwingvorgang führt,
bei dem die Regel- und die Stellgröße nach der Sprungeinwirkung der Streckenverstärkung ihre Endwerte mit geringem
Unterschwingen erreichen. Dieses Unterschwingen wird ähnlich
den Verhältnissen in Bild 6-11 bei Vernachlässigung der Dynamik der Stelleinrichtung im Modell (M ≠ S) verstärkt und
ergibt bei $K_V/\omega_{OA} = 0{,}2$ und $\omega_{OM}/\omega_{OA} = 0{,}2$ einen schwach ge-

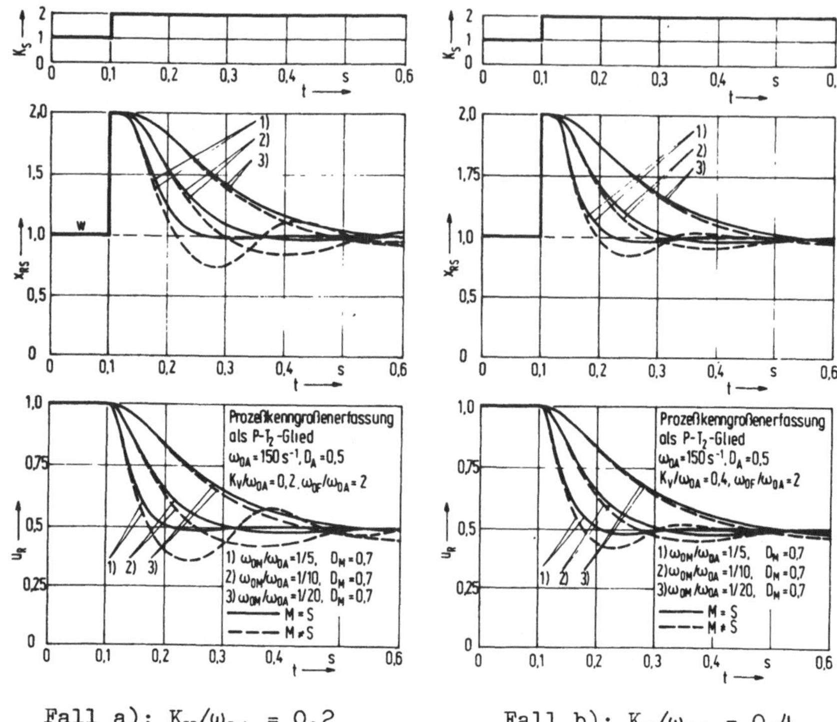

Fall a): $K_V/\omega_{OA} = 0,2$    Fall b): $K_V/\omega_{OA} = 0,4$

**Bild 6-12:** Regelverlauf bei Prozeßkenngrößenerfassung mit $P\text{-}T_2$-Verhalten sowie mit und ohne Berücksichtigung der Dynamik der Stelleinrichtung in der Modellrückkoppelung

dämpften Einschwingvorgang. Es ist deshalb bei diesen Gegebenheiten nicht günstig, auf die Nachbildung des dynamischen Verhaltens der Stelleinrichtung im Modell zu verzichten.

### 6.2.1.4 Regelung der Spitzenwerte der Prozeßkenngrößen mit einem nichtlinearen Verzögerungsglied oder einer Minimalwertspeichereinrichtung

**Bild 6-13** zeigt die Auswirkung unterschiedlicher Zeitkonstan-

ten $T_{N+}$ des n̲i̲c̲h̲t̲l̲i̲n̲e̲a̲r̲e̲n̲ V̲e̲r̲z̲ö̲g̲e̲r̲u̲n̲g̲s̲g̲l̲i̲e̲d̲e̲s̲ auf den Regelvorgang, wenn gleichzeitig sinus- und sprungförmige Strek-
kenverstärkungsänderungen auftreten.

Bei der Bemessung von $T_{N+}$ muß zwischen Glättungswirkung und
Mittelwertverschiebung beim Einwirken periodischer Verstär-

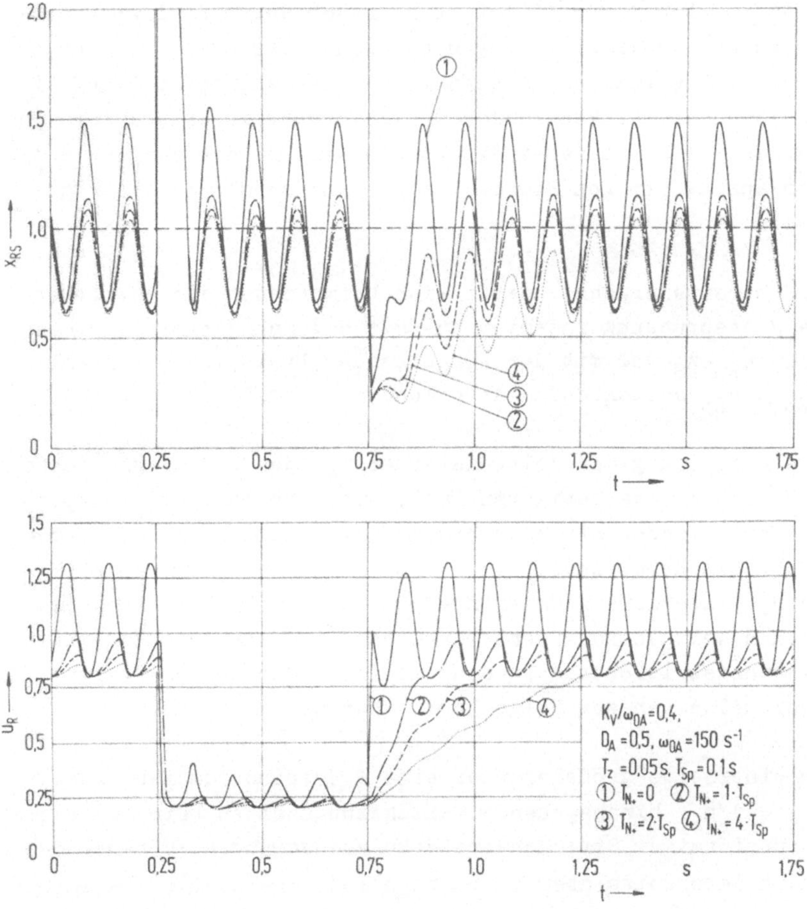

Bild 6-13: Auswirkung unterschiedlicher Zeitkonstanten des
nichtlinearen V̲e̲r̲z̲ö̲g̲e̲r̲u̲n̲g̲s̲g̲l̲i̲e̲d̲e̲s̲ auf den Regelvorgang

kungsänderungen einerseits und Vergrößerung der Ausregelzeit
beim Einwirken nichtperiodischer z.B. sprungförmiger Verstärkungsänderungen andererseits ein Kompromiß geschlossen
werden.

Zu erkennen ist, daß das Regelsystem bei sprungförmiger Änderung der Streckenverstärkung, die zur Sollwertüberschrei-
tung der Regelgröße führt, sehr rasch durch Stellgrößenre-
duzierung reagiert. Dagegen erreichen die Stell- und Regelgröße bei sprungförmig abnehmender Streckenverstärkung mit
zunehmender Zeitkonstanten $T_{N+}$ langsamer ihren stationären
Verlauf. $T_{N+}$ ist dabei direkt ein Maß für die zum Ausregeln
der sprungförmigen Streckenverstärkungsänderung benötigte
Zeit.

Wie bereits erwähnt, setzt sich beim Fräsen die oszillieren-
de Beanspruchung zusammen aus mit der Zahneingriffsfrequenz
$f_z = n_{Sp} \cdot z_S$ und mit der Frequenz der Frässpindeldrehzahl
$f_{Sp} = n_{Sp}$ schwankenden Anteilen.

Die Festlegung der Zeitkonstanten $T_{N+}$ des Glättungsgliedes
muß sich am ungünstigsten Fall, d.h. den langsameren spin-
delperiodischen Streckenverstärkungsänderungen, deren Frequenz bis herab zu $f_{Sp} = 1$ Hz bei $n_{Sp} = 60$ $min^{-1}$ reichen
kann, orientieren. Um spindelperiodische Stellgrößenschwankungen weitgehend zu unterdrücken, sind entsprechend große
Glättungszeitkonstanten einzustellen, die übermäßig lange
Ausregelzeiten zur Folge haben können.

Um einerseits größere, über eine Frässpindelumdrehungszeit
$T_{Sp} = 1/n_{Sp}$ hinausgehende Verzögerungszeiten beim Ausregeln
sprungförmiger Streckenverstärkungsänderungen zu vermeiden
und andererseits aber drehzahlperiodische Stellgrößenschwankungen nicht zur Wirkung kommen zu lassen, bietet sich der
Einsatz der Minimalwertspeichereinrichtung im Steuerglied
des modelladaptiven Reglers als Möglichkeit an.

Das sich mit einer M̲i̲n̲i̲m̲a̲l̲w̲e̲r̲t̲s̲p̲e̲i̲c̲h̲e̲r̲e̲i̲n̲r̲i̲c̲h̲t̲u̲n̲g̲ ergebende
Regelverhalten zeigt B̲i̲l̲d̲ ̲6̲-̲1̲4̲. Dargestellt ist die Fräsbearbeitung mit einem "Zweischneider". Den zahneingriffsbedingten
periodischen Streckenverstärkungsänderungen mit der Frequenz
$f_z = 1/T_z = 5$ Hz sind drehzahlperiodische Verstärkungsänderungen mit der Frequenz $f_{Sp} = 1/T_{Sp} = 2,5$ Hz überlagert. Zusätzlich zu diesen periodischen Streckenverstärkungsänderun-

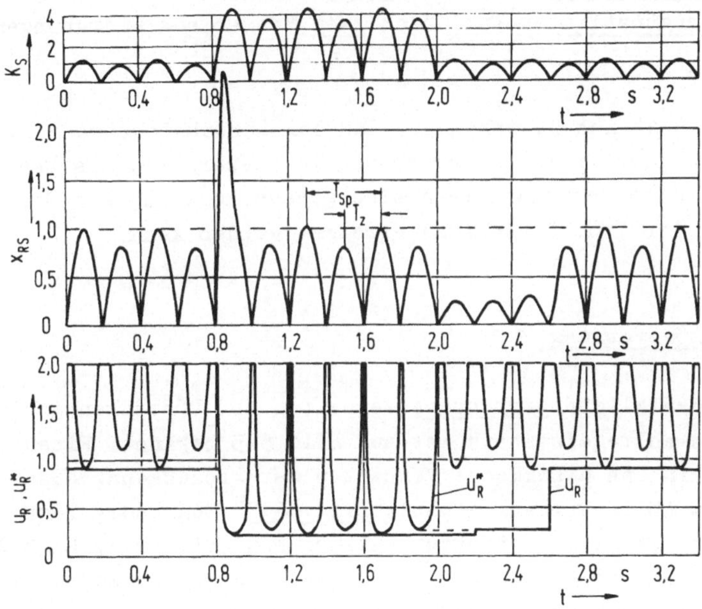

Bild 6-14: Verlauf des Regelvorgangs beim Einsatz einer Minimalwertspeichereinrichtung

gen wird eine sprungförmige Zu- und Abnahme der Streckenverstärkung berücksichtigt. Gezeigt wird der Verlauf der Regelgröße $x_{RS}(t)$, der Eingangsgröße des Minimalwertspeicherele-
ments $u_R^*(t)$ und die Ausgangsgröße (Stellgröße) $u_R(t)$.

Wie aus Bild 6-14 zu erkennen ist, wird bei sprungförmiger
Verstärkungszunahme, die zu irgendeinem Zeitpunkt auftreten
kann, $u_R(t)$ unverzüglich vermindert. Bei sprungförmiger Abnahme der Streckenverstärkung erreicht die Stellgröße $u_R(t)$

in diesem Beispiel vom Zeitpunkt der sprungförmigen Strecken-
verstärkungsreduzierung aus gesehen nach 1 1/2-Frässpindel-
umdrehungen den neuen Stellgrößenwert. Da die Streckenverstär-
kungsreduzierung auch am Ende oder Anfang einer Frässpindelumdrehung entstehen kann, ist es möglich, daß sich die Stellgröße $u_R(t)$

    - im <u>günstigsten</u> Fall nach <u>einer</u> Frässpindelumdrehung und

    - im <u>ungünstigsten</u> Fall nach <u>zwei</u> Frässpindelumdrehungen

ändert.

Aus Bild 6-14 ist zu erkennen, daß bei Berücksichtigung einer Minimalwertspeichereinrichtung im Steuerglied des Reglers mit Modellrückkoppelung eine genaue Regelung der Spitzenwerte der Prozeßkenngröße erreicht werden kann.


## 6.2.2 <u>Ablösevorgang</u>

Das grundsätzliche <u>stationäre</u> Verhalten der Prozeßkenngrößen
eines Auswahlregelsystems ist aus Bild 5-3 bekannt. Einen
Einblick in das <u>dynamische</u> Verhalten der Prozeßkenngrößen
bei einem Ablösevorgang gewährt <u>Bild 6-15</u>. Zugrundegelegt
wurde eine Regelkreisstruktur entsprechend Bild 5-1, Fall d).
Gezeigt wird der Übergang von der Regelung der Prozeßkenngröße $x_{RS1}$ zur Regelung der Prozeßkenngröße $x_{RS2}$. Dazu wird
angenommen, daß sich die Streckenverstärkungen $K_{S1}$ und $K_{S2}$
der beiden Regelstrecken $S_1$ und $S_2$ in einem bestimmten Zeitabschnitt mit unterschiedlichen Anstiegsgeschwindigkeiten
rampenförmig ändern. Dies entspricht in etwa dem in der
Praxis am häufigsten vorkommenden Störungsfall bei Änderung
der Streckenverstärkung (z.B. beim Fräsen mit Schaftfräsern
verursacht durch veränderliche Eingriffsgröße e).

Zur Darstellung des Ablösevorgangs wurden beide Regelstrek-
ken $S_1$ und $S_2$ sowie das Modell des Reglers als Verzögerungsglieder 1. Ordnung mit gleichen Zeitkonstanten angenommen.

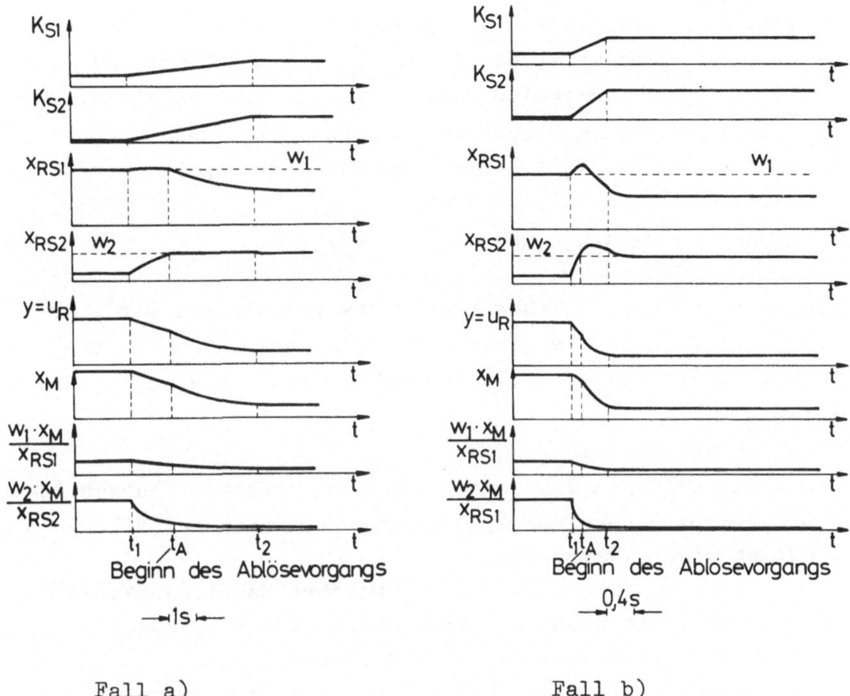



Fall a)      Fall b)

**Bild 6-15**: Dynamisches Verhalten der Prozeßkenngrößen eines
Auswahlregelsystems beim Ablösevorgang

Das Übertragungsverhalten des Steuerungsgliedes ist $N = 1$.
Bild 6-15 zeigt neben den Verläufen der Streckenverstärkun-
gen $K_{S1}$ und $K_{S2}$, der Regelgrößen $x_{RS1}$ und $x_{RS2}$ und der Stellgröße $y = u_R$, noch die der Systemgrößen Modellausgangssignal
$x_M$ sowie der Eingangsgrößen des Minimalwertauswahlelements
$(w_1/x_{RS1})\cdot x_M$ und $(w_1/x_{RS2})\cdot x_M$ als Funktion der Zeit $t$.

Im Fall b) wurde die Anstiegsgeschwindigkeit der Rampenfunktion im Vergleich zu Fall a) um den Faktor 10 erhöht.

Die Änderung der Streckenverstärkung beginnt zur Zeit $t_1$
und endet mit $t_2$. Im Zeitabschnitt $t_1 \leqq t \leqq t_A$ bleibt die

Regelgröße $x_{RS2}$ unterhalb des Sollwertes $w_2$. Bei $t = t_A$ stößt $x_{RS2}$ an die Begrenzung und wird von diesem Zeitpunkt ab über die Stellgröße $u_R$ ausgeregelt. Die Reduzierung von $u_R$ durch $x_{RS2}$ bewirkt, daß sich $x_{RS1}$ von $w_1$ ablöst und nach Beendigung des Ausregelvorgangs von $x_{RS2}$ in Abhängigkeit von der nun vorhandenen Streckenverstärkung eine Ruhelage unterhalb $w_1$ einnimmt. Im Beharrungszustand ist dann

$$x_{RS1} = \frac{K_{S1}}{K_{S2}}\, x_{RS2} \quad \text{und} \quad x_{RS2} = w_2.$$

Die Entscheidung, welcher Regelkreis geschlossen wird, erfolgt aufgrund des Vergleichs der Eingangsgrößen des Minimalwertauswahlelements. Im Umschaltmoment ist $w_1/x_{RS1} = w_2/x_{RS2}$.

Das beim Schließen des Regelkreises entstehende Überschwingen der Prozeßkenngröße $x_{RS2}$ hängt - wie auch aus Bild 6-15 deutlich wird - davon ab,
- welche Regelabweichung bzw. welchen Regelquotienten $w_1/x_{RS1}$ die bisherige Prozeßkenngröße $x_{RS1}$ dem nun wirksam werdenden Regelkreis überläßt und
- welche Änderungsgeschwindigkeit der Regelquotient $w_2/x_{RS2}$ der Prozeßkenngröße $x_{RS2}$ im Moment des Umschaltens aufweist.

Da die während der Fräsbearbeitung entstehenden Änderungen der Bearbeitungsbedingungen, die zu einem Ablösevorgang führen können (s. 7.2.3), im Vergleich zur Dynamik der Regelkreise zumeist langsam vor sich gehen, ist beim Ablösevorgang ein größeres Überschwingen der Prozeßkenngrößen nicht zu befürchten. Besondere Maßnahmen zur Verbesserung des Ablöseverhaltens der Prozeßkenngrößen sind daher bei einer Auswahl-Grenzregelung nicht erforderlich.

Zusammenfassend ergeben sich aus der Betrachtung der Reglerelemente und des Regelverhaltens der Auswahl-Grenzregelung folgende Hinweise für die praktische Auslegung des Auswahlreglers für die Fräsbearbeitung:

- Zur Stabilisierung der Einzelregelkreise für die Prozeßkenngrößen Schnittmoment, Fräserbiegemoment und Fräserbiegemoment in Stützrichtung genügt bei verzögerungsfreier oder näherungsweise verzögerungsfreier Prozeßkenngrößenerfassung die Nachbildung des dynamischen Verhaltens der Stelleinrichtung und des Fräsprozesses. Die Kennkreisfrequenz des Fräsprozeßmodells ist in Abhängigkeit von $n_{Sp} \cdot z_s$ zu steuern. Die Stelleinrichtung "Bahnsteuerung" kann für $K_V/\omega_{0A} \leqq 0,2$ als $P\text{-}T_1$-Glied im Modell der Regelstrecke berücksichtigt werden. Ansonsten ist sie als Verzögerungsglied 3. Ordnung nachzubilden.

  Bei nicht verzögerungsfreier Prozeßkenngrößenerfassung muß zusätzlich das Zeitverhalten von Maschine/Meßeinrichtung nachgebildet werden. Im Einzelfall ist zu prüfen, ob zur Vereinfachung des Regleraufbaus und zur Verbesserung des Regelverhaltens die Dynamik der Stelleinrichtung gegenüber der Prozeßkenngrößenerfassung vernachlässigt werden kann.

- Das Steuerglied des Reglers soll ein bestimmtes Regelverhalten sicherstellen. In Grenzregelungen wird das Steuerglied zur Vorschubgeschwindigkeitsbegrenzung und zur Glättung periodischer Stellgrößenschwankungen bzw. Regelung der Spitzenwerte der Prozeßkenngrößen eingesetzt. Besondere Maßnahmen zur Verbesserung des Regelverhaltens - etwa Einbau eines Vorhalts - sind nicht erforderlich. Bei Prozeßkenngrößenerfassung mit $P\text{-}T_1$-Verhalten ist durch Vernachlässigung der Dynamik der Stelleinrichtung ein schnelleres Ausregeln von Störgrößen möglich. Bei Prozeßkenngrößenerfassung mit $P\text{-}T_2$-Verhalten ist zu prüfen, ob die Meßgröße zu Über- bzw. Unterschwingen bei Laststößen neigt. Vernachlässigung des dynamischen Verhaltens der Stelleinrichtung führt dann u.U. zu gering gedämpften Schwingungen im Regelkreis.

Zur Glättung periodischer Stellgrößenschwankungen und Regelung der Spitzenwerte der Prozeßkenngrößen sind grundsätzlich ein nichtlineares Verzögerungsglied 1. Ordnung oder eine Minimalwertspeichereinrichtung geeignet. Bei ersterer muß die Glättungszeitkonstante festgelegt werden (zusätzlicher Einstellaufwand). Die Minimalwertspeichereinrichtung ermöglicht eine genauere Regelung der Spitzenwerte, jedoch bei größerem Realisierungsaufwand (zwei Speicherglieder).

- Die Auswahlreglerstrukturen sind ohne großen zusätzlichen regelungstechnischen Aufwand realisierbar. Die Minimalwertauswahl läßt sich einfach mit Begrenzerbausteinen ausführen. Zusätzliche Maßnahmen zur Verbesserung des Ablösevorgangs sind nicht erforderlich.

# 7 Aufbau, Verhalten und Anwendungen der Auswahl-Grenzregelung

In den vorangegangenen Kapiteln 4, 5 und 6 wurden die wesentlichen Eigenschaften der zum Aufbau der in Bild 3-1 dargestellten Auswahl-Grenzregelung benötigten Regelkreiskomponenten beschrieben. In diesem Kapitel sollen
- der Gesamtaufbau der ausgeführten AC-Anlage,
- das Verhalten der zu überwachenden Prozeßkenngrößen bei AC-geführter Fräsbearbeitung und
- die Anwendungen der entwickelten Auswahl-Grenzregelung

betrachtet werden.

## 7.1 Gesamtaufbau der Auswahl-Grenzregelung

Eine Übersicht über den Aufbau der Gesamtanlage, bestehend aus der Grenzregel-Einrichtung, der Maschinensteuerung und

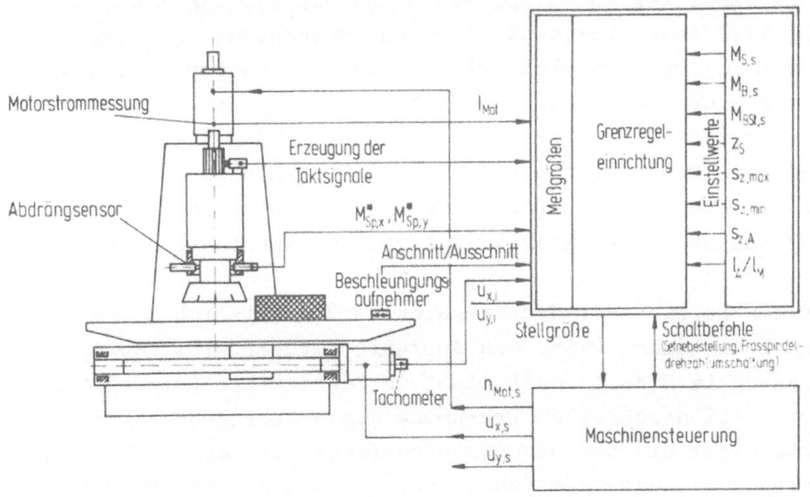


Bild 7-1: Gesamtaufbau der Auswahl-Grenzregelung

der Werkzeugmaschine gibt Bild 7-1. Eingetragen sind die

zum Betrieb der Grenzregelung vorzugebenden Einstellwerte,
die zu erfassenden Meßgrößen, die Stellgröße der Regeleinrichtung und Schaltbefehle.

Die Grenzregel-Einrichtung ist in Analogrechnertechnik aufgebaut. Erprobt wurde das AC-System am ISW an einer konventionell gesteuerten Vertikal-Fräsmaschine.

Die Schnittmomentregelung, als Teilsystem der entwickelten
Auswahl-Grenzregelung, wurde in der Industrie an einer nume-
risch bahngesteuerten Fräsmaschine /26/ und in modifizierter
Form auch an einer Nachform-Fräsmaschine erprobt.


7.1.1 <u>Meßgrößen</u>

Zur Erfassung der Prozeßkenngrößen $M_{S,i}$, $M_{B,i}$ und $M_{BSt,i}$
wurde im vorliegenden Anwendungsfall die Meßkombination bestehend aus Schnittmomentmessung über Hauptantrieb und Abdrängsensor verwendet (s. 4.3.1 und 4.3.2). Das Schnittmoment wird dabei indirekt über den Motorstrom $I_{Mot}$ des
drehzahlgeregelten Gleichstrom-Nebenschlußmotors des Hauptantriebs der Versuchs-Fräsmaschine erfaßt. Der Motor wird
mit konstantem Erregerfeld betrieben. In den Ankerstrom-
kreis des Motors wurde ein potentialtrennender Gleichstrom-
wandler eingebaut, der eine dem Motorstrom proportionale
Meßspannung mit vernachlässigbarer Zeitkonstanten liefert.

Für den Betrieb der Grenzregelung muß zusätzlich ein Meß-
signal vorhanden sein, das Auskunft darüber gibt, ob das
Werkzeug im Schnitt oder nicht im Schnitt ist (s. 7.2.1).
Zur reaktionsschnellen Erkennung des Werkzeug-Werkstückkon-
takts dient ein Beschleunigungsaufnehmer. Über die Eignung
dieses und anderer Verfahren zur An- und Ausschnitterkennung
wird in /12, 18/ berichtet.

Als Hilfsmeßgrößen werden außerdem benötigt:

a) für den Abdrängsensor (s. Abschnitt 4.3.2)
   - ein Taktsignal, das einen Impuls/Frässpindelumdrehung und
   - ein Taktsignal, das 32 Impulse/Frässpindelumdrehung
     liefert,
b) zur Berechnung von $u_{min}$ und $u_{max}$
   - die Frässpindeldrehzahl $n_{Sp}$,
c) zur Umrechnung des Motorstroms $I_{Mot}$ in die Ersatzregelgröße $M'_{S,i}$
   - die Getriebeübersetzung i (s. Abschnitt 4.3.1) und
d) zur Berechnung der Ersatzregelgrößen $M'_{B,i}$ und $M'_{BSt,i}$
   nach Bild 4-7
   - die Achsgeschwindigkeiten $u_x$ und $u_y$.


## 7.1.2 Änderungen an der Maschine

Durch die Motorstrommessung, den Einsatz des Abdrängsensors
und die Anschnitterkennung mittels Beschleunigungsaufnehmers ist an der Maschine ein Minimum an Änderungen notwendig. Folgende Arbeiten sind im einzelnen durchzuführen:
   - Anbringen des Abdrängsensors an der Pinole und Justieren der induktiven Wegaufnehmer,
   - Montage des Beschleunigungsaufnehmers am Maschinentisch,
   - Befestigung einer Frässpindelmarke (zur Erzeugung des
     Frässpindeltaktes), eines Zahnrings mit 32 Zähnen/Umfang auf der Frässpindel sowie zweier Feldplatten-Differentialfühler (s. Bild 4-7).

Der von der Praxis gestellten Forderung nach möglichst wenig konstruktiven Änderungen an der Werkzeugmaschine beim
Einsatz einer Grenzregelung wird damit entsprochen.


## 7.1.3 Vorgabe der AC-Einstellwerte

Die Vorgabe der AC-Einstellwerte erfolgt direkt an einer

Einstelleinheit der AC-Einrichtung. Beim Zusammenwirken der
Grenzregel-Einrichtung mit einer NC-Fräsmaschine ergibt sich
durch diese Verfahrensweise die Einschränkung, daß innerhalb
einer Bearbeitung mit mehreren Werkzeugen nur jeweils eine
Kombination von AC-Einstellwerten aufgerufen werden kann.

Für NC-AC-Betrieb sollte daher die Eingabe der AC-Einstellwerte über Lochstreifen erfolgen. Erforderlich ist es jedoch
dann, die auf dem Lochstreifen in digitaler Form vorliegenden Informationen dem AC-Gerät über Digital-Analog-Wandler
als analoge Einstellwerte zuzuführen. Die sich aus der unterschiedlichen Signalverarbeitung in der AC-Einrichtung
(analog) und der NC-Steuerung (digital) ergebenden Koppel-
probleme werden in /18/ behandelt.

Die Programmierung der AC-Anweisungen an einer numerisch gesteuerten Werkzeugmaschine ist entsprechend der VDI-Richtlinie 3426 /1/ vorzunehmen.


7.1.4 <u>Beeinflussung der Vorschub- oder Bahngeschwindigkeit
      und der Frässpindeldrehzahl</u>

Bei der Koppelung der AC-Einrichtung mit einer konventionell
gesteuerten Fräsmaschine (ohne NC) wird das analoge Stellsignal der AC-Einrichtung direkt auf den Vorschubantrieb durchgeschaltet, der die Vorschubbewegung erzeugt.

Zur Beeinflussung der Bahngeschwindigkeit an einer NC-Fräsmaschine muß das Stellsignal der AC-Einrichtung eine Änderung der Interpolationsgeschwindigkeit bei der Lagesollwert-
berechnung im Interpolator der NC-Steuerung bewirken.

Die einfachste Möglichkeit zur Bahngeschwindigkeitsbeein-
flussung wäre an sich über das "Override"-Potentiometer der
NC-Steuerung gegeben. Diese Methode hat aber den Nachteil,
daß die Stellgröße nur in einem von der programmierten Bahn-

geschwindigkeit - die Bahngeschwindigkeit wird als F-Wort
programmiert - vorgeschriebenen Bereich (z.B. (10 ... 110)%
des programmierten F-Wortes) verstellt werden kann.

Um unabhängig von dem auf dem Lochstreifen programmierten
Bahngeschwindigkeitswert zu sein, kann von der AC-Einrichtung
ein Frequenzsignal ausgegeben werden, mit dem die Interpolation der Lagesollwerte erfolgt. Zu diesem Zweck enthält die
AC-Einrichtung einen Spannungs-Frequenzwandler, der das an
sich analog anstehende Reglerausgangssignal in eine entsprechende, der NC-Steuerung zugeordnete Taktfrequenz umwandelt.
Eine Anpaßschaltung sorgt für die Synchronisation des AC-
Taktes mit dem Grundtakt der NC-Steuerung.

Bei Grenzregelungen für die Fräsbearbeitung wird die Frässpindeldrehzahl in der Regel während der Bearbeitung konstant gehalten. Sie kann aber, wie im vorliegenden Fall berücksichtigt, zur Steigerung der zulässigen Anfahrgeschwindigkeit des Werkzeugs an das Werkstück in bearbeitungsfreien
Zonen erhöht und beim Eindringen des Werkzeugs in das Werk-
stückmaterial wieder auf die für die Bearbeitung vorgeschriebene Nominal-Frässpindeldrehzahl herabgesetzt werden /12,
26/.


## 7.1.5 Realisierter Auswahlregler

Der Auswahlregler wurde entsprechend Bild 5-2, links ausge-
führt, wobei auf die Berücksichtigung des dynamischen Verhaltens der Stelleinrichtung verzichtet werden konnte. Zur
Regelung der Spitzenwerte der Prozeßkenngrößen und zur Unterdrückung periodischer Stellgrößenschwankungen wurde das
nichtlineare Verzögerungsglied eingesetzt (s. Abschnitt
6.1.2.1). Zum Zeitpunkt des Aufbaus der Grenzregel-Einrichtung und der Versuchsdurchführungen lagen noch keine Erfahrungen über die Einsatzmöglichkeiten der Minimalwertspeichereinrichtung (s. Abschnitt 6.1.2.2) vor. Die Minimalwert-

auswahl erfolgt entsprechend Bild 6-6 über Begrenzerbausteine.

## 7.2 Verhalten der Prozeßkenngrößen bei AC-geführter Fräsbearbeitung

### 7.2.1 Prinzipieller Regelablauf

Unabhängig davon, welche der drei Prozeßkenngrößen Schnittmoment $M_{S,i}$, Fräserbiegemoment $M_{B,i}$ und Biegemomentkomponente $M_{BSt,i}$ für die Führung des Fräsprozesses gerade verantwortlich ist, können beim Betrieb der Auswahl-Grenzregelung die Betriebszustände

- Anschnitt
- Regeln auf den Sollwert
- Vorschubgeschwindigkeitsbegrenzung
- Ausschnitt

unterschieden werden.

Bild 7-2 gibt die Bearbeitung eines keilförmigen Frästeils mit einem Messerkopffräser wieder, aus dem diese einzelnen Betriebszustände zu erkennen sind.

Bei der Annäherung des Werkzeugs an das Werkstück beträgt die Frässpindeldrehzahl $n_{Sp,A}$ das Doppelte des Nominalwertes $n_{Sp,nom}$. Die Anfahrgeschwindigkeit beträgt dann

$$u_A = 2 \cdot n_{Sp,nom} \cdot z_S \cdot s_{z,A},$$

wobei durch $s_{z,A}$ der zulässige Zahnvorschub beim Anschnittvorgang festgelegt ist.

Beim Auftreffen des Werkzeugs auf das Werkstück werden die Vorschubgeschwindigkeit auf den Wert

$$u_{min} = n_{Sp} \cdot z_S \cdot s_{z,min}$$

und die Spindeldrehzahl auf den Nominalwert reduziert. Die Umsteuervorgänge werden ausgelöst, sobald das Anschnittsignal einen vorgegebenen Schwellenwert überschreitet. Der ei-

gentliche Regelvorgang wird freigegeben, wenn die Frässpindeldrehzahl ihren neuen Wert erreicht hat.

Nach dem Anschnitt wird zunächst infolge der geringen Eingriffsgröße mit maximal zulässigem Zahnvorschub $s_{z,max}$ ge-
fräst. Mit wachsender Eingriffsgröße wird dann das Schnittmoment für die Prozeßführung maßgebend, und es wird der
vorgegebene Sollwert für das Schnittmoment durch Verminderung der Vorschubgeschwindigkeit u eingehalten.

Nach Beendigung des Schnittvorgangs (Ausschnitt) steigt die
Vorschubgeschwindigkeit zunächst auf den durch $s_{z,max}$ vorgegebenen Grenzwert $u_{max}$ an. Sobald das Anschnittsignal den
zur Anschnitterkennung vorgegebenen Schwellenwert unterschreitet, wird wieder auf Annäherungsvorschubgeschwindig-

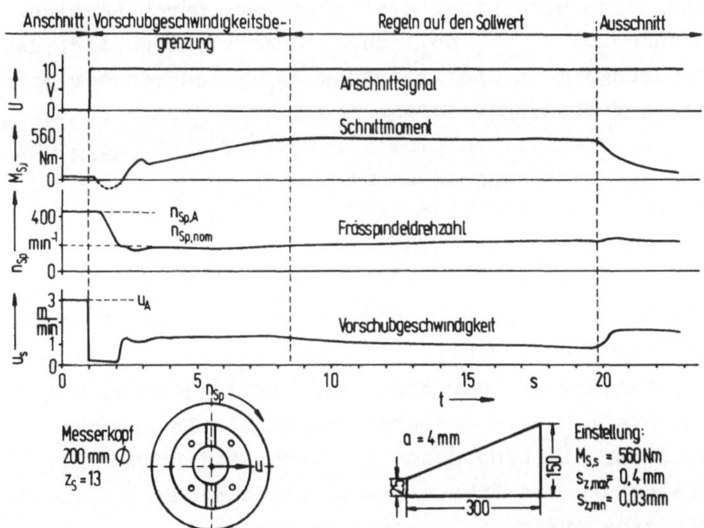


<u>Bild 7-2</u>: Betriebszustände der Grenzregelung beim Fräsen

keit $u_A$ und Anfahrspindeldrehzahl $n_{Sp,A}$ umgeschaltet.

Entsprechend den drei zu überwachenden Prozeßkenngrößen

$M_{S,i}$, $M_{B,i}$ und $M_{BSt,i}$ weist die Auswahl-Grenzregelung die Regelbetriebsarten

- Regelung des Schnittmoments $M_{S,i}$
- Regelung des Fräserbiegemoments $M_{B,i}$
- Regelung der Fräserbiegemomentkomponente $M_{BSt,i}$

auf.


Beim Fräsen mit Messerkopffräsern wird im allgemeinen - stabile Bearbeitungsverhältnisse vorausgesetzt - die installierte Antriebsleistung des Hauptantriebs der maßgebliche Belastungsgrenzwert und damit das Schnittmoment die den Prozeßablauf bestimmende Prozeßkenngröße sein.


Nach Abschnitt 1.2 wird mit der Regelung der Prozeßkenngröße $M_{B,i}$ bezweckt, daß die Werkzeugbeanspruchung einen vorgegebenen Grenzwert nicht überschreitet. Durch Regelung der Prozeßkenngröße $M_{BSt,i}$ soll dagegen erreicht werden, daß die Fräserabdrängung in Stützrichtung $\delta_{St}$ einen von der maximal zulässigen Fertigungstoleranz bestimmten Grenzwert $\delta_{St,max}$ nicht überschreitet. Um eine Vorstellung über <u>Größe</u> und <u>Richtung</u> der Werkzeugabdrängung sowohl

- im Auslastungsbetrieb (ACC) als auch
- im ACC-ACG-Betrieb und
- im ACG-Betrieb

der Auswahl-Grenzregelung zu bekommen, wird im folgenden anstelle der Biegemomentkomponenten $M_{BSt,i}$ die Fräserabdrängung $\delta_{St}$ genannt und der Einheitlichkeit wegen anstelle des Biegemoments $M_{B,i}$ die Fräserabdrängung $\delta$. Entsprechendes gilt auch für die Komponente in Vorschubrichtung. Die Biegemomentbelastung des Fräswerkzeugs und die damit einhergehende Fräserabdrängung können über die statische Verlagerungskurve (vgl. Bild 4-10) einander zugeordnet werden.


## 7.2.2 <u>Regelung der Fräserabdrängung (ACC-Betrieb)</u>

In den beiden folgenden <u>Bildern 7-3</u> und <u>7-4</u> sind die Reak-

tionen der Prozeßkenngrößen $\delta$, $\delta_V$ und $\delta_{St}$ sowie die Vorschubgeschwindigkeit u dargestellt. Betrachtet werden Änderungen
der Eingriffsgröße e. Die Schnittiefe a bleibt unverändert.
Als Regelgröße ist die Fräserabdrängung $\delta$ wirksam. Es liegt
reiner Auslastungsbetrieb, d.h. ACC-Betrieb vor.

Aus den Meßschrieben wird deutlich, daß die Verlagerungskomponenten $\delta_V$ und $\delta_{St}$ infolge der veränderlichen Eingriffsgröße e ihre Beträge ändern, die Gesamtverlagerung $\delta$ des
Schaftfräsers jedoch über die Vorschubgeschwindigkeit u
konstant gehalten wird.

HSS-Fräser: $D = 25$ mm, $z_S = 6$, $l_A = 62$ mm, $\lambda = 30°$.
Werkstoff: Ck 45
Schnittiefe: $a = 10$ mm, Fräserdrehzahl: $n_{Sp} = 300$ min$^{-1}$

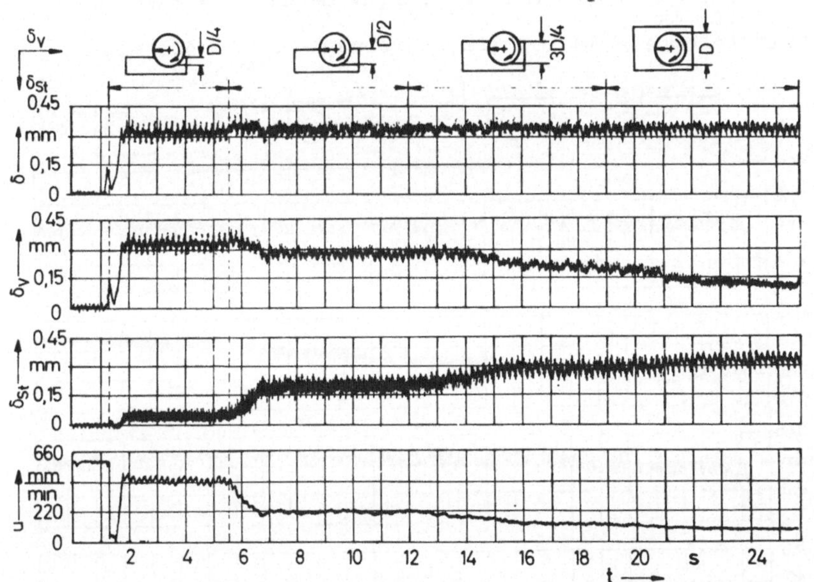


<u>Bild 7-3</u>: Grenzregelung (ACC): Auswirkung von Eingriffsgrö-
ßenänderungen auf die Werkzeugabdrängung

Bild 7-3 gibt zunächst den Verlauf der Prozeßkenngrößen
beim Übergang vom Gegenlauffräsen zum symmetrischen Fräsen
mit $e = D$ wieder.

Bei $e = D/4$ ist nur eine geringfügige $\delta_{St}$-Verlagerung zu beobachten. Aufgrund der Forderung $\delta = \sqrt{\delta_V^2 + \delta_{St}^2} = const$ nimmt dagegen die Vorschubkomponente $\delta_V$ ihren Maximalwert an. Mit zunehmender radialer Schnittiefe ändern sich die beiden Prozeßgrößen $\delta_V$ und $\delta_{St}$ gegenläufig. Dabei sind im Bereich $1/4 \cdot D \leqq e \leqq 3/4 \cdot D$ die größten Änderungen der beiden Prozeßkenngrößen $\delta_V$ und $\delta_{St}$ zu beobachten. Bei $e = D$ erreicht die maßbestimmende Verlagerungskomponente $\delta_{St}$ ihren Maximalwert.

Bild 7-4 gibt den Verlauf der Prozeßsignale beim Übergang vom Gleichlauffräsen zum symmetrischen Fräsen ($e = D$), bei sonst gleichen Versuchsbedingungen wieder.

HSS-Fräser: $D = 25$ mm, $z_S = 6$, $l_A = 62$ mm, $= 30°$
Werkstoff: Ck 45
Schnittiefe: $a = 10$ mm, Fräserdrehzahl: $n_{Sp} = 300$ min$^{-1}$

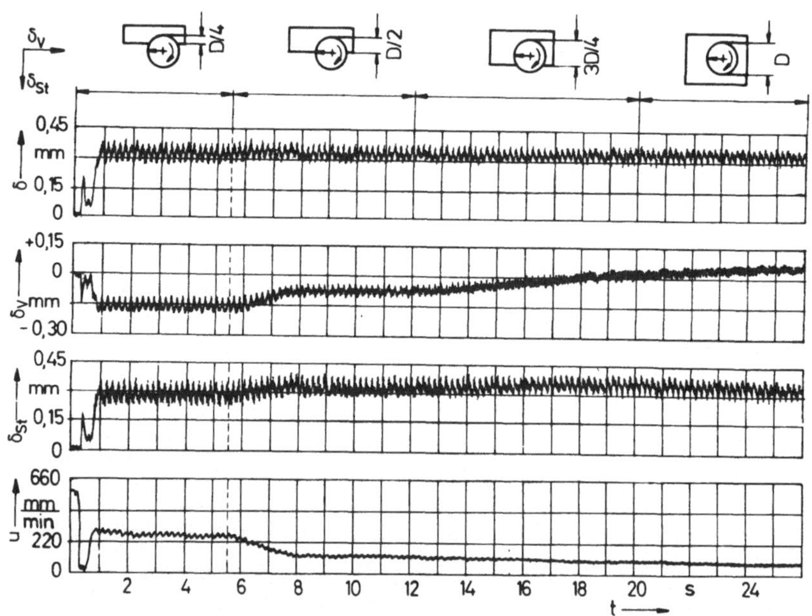

Bild 7-4: Grenzregelung (ACC): Auswirkung von Eingriffsgrößenänderungen auf die Werkzeugabdrängung

Zu erkennen ist, daß die Verlagerungskomponente $\delta_{St}$ im gesamten Gleichlaufbereich größere Werte aufweist als beim Fräsen im Gegenlauf. Die Verlagerungskomponente $\delta_V$ ist bei e = D/4 und e = D/2 negativ. Sie geht beim Übergang zu e = 3/4·D zu positiven Werten über. Das aus Abschnitt 4.2 bekannte Verhalten der Prozeßkenngrößen $\delta$, $\delta_V$ und $\delta_{St}$ wird durch die Fräsversuche bestätigt.

In weitaus geringerem Maße als die Eingriffsgröße e wirkt sich die Schnittiefe a auf die Werkzeugabdrängkomponenten bei konstant gehaltener Fräserabdrängung aus (<u>Bild 7-5</u>). Der Meßschrieb gibt die Reaktion der Prozeßkenngrößen bei einer sprunghaften Änderung der Schnittiefe von a = 10 mm auf a = 30 mm wieder. Das Fräswerkzeug fährt bei der Schnittiefenänderung in einen vorgefrästen Schnittbogen.

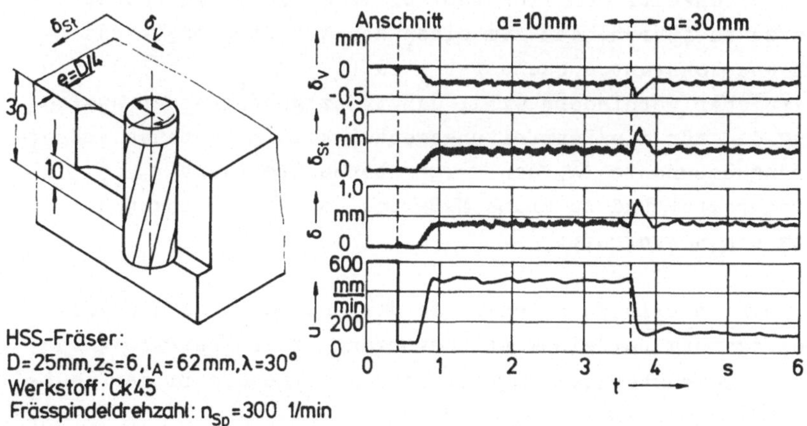


<u>Bild 7-5</u>: Grenzregelung (ACC): Ausregeln von Schnittiefenänderungen

Störungen beim Fräsvorgang werden selten in dieser Schärfe auftreten; das Bearbeitungsbeispiel stellt somit gleichzeitig ein Testbeispiel zur Kontrolle des dynamischen Verhaltens des Regelsystems dar. Zu erkennen ist, daß die Grenzregel-Einrichtung auf die Schnittiefenänderung sehr rasch durch Vorschubgeschwindigkeitsreduzierung reagiert. Der Einschwingvorgang verläuft gut gedämpft. Die Schnittiefenänderung bewirkt eine nahezu sprunghafte Belastungsänderung des Fräswerkzeugs. Aus Abschnitt 6.2.1 ist bekannt, daß der sprunghafte Anstieg der Prozeßkenngrößen unvermeidbar ist und von keiner Grenzregelung - unabhängig davon, ob sie nun mit proportional oder verzögernd wirkender Prozeßkenngrößenerfassung arbeitet - vermieden werden kann.

## 7.2.3 Regelung der Fräserabdrängung mit Begrenzung der Stützkomponente (ACC/ACG-Betrieb)

Durch den Einsatz der Auswahl-Grenzregelung eröffnet sich die Möglichkeit, den Prozeßablauf beim Fräsen mit Schaftfräsern so zu führen, daß zum einen das Werkzeug möglichst hoch und konstant ausgelastet wird ($\delta = \delta_{max} = const$), zum andern aber verhindert wird, daß trotz gesteigerter Auslastung die für die Bearbeitungsgenauigkeit maßgebende Fräserabdrängkomponente $\delta_{St}$ den vorgegebenen Grenzwert $\delta_{St,max}$ überschreitet und zu große Maß- und Formabweichungen am Werkstück hervorruft.

Die prinzipielle Funktionsweise der entwickelten Auswahl-Grenzregelung bei einem Ablösevorgang im Fräsbetrieb wird aus der Gegenüberstellung der beiden folgenden Bilder deutlich.

Bild 7-6 zeigt zunächst noch einmal die Regelung auf einen konstanten Wert der Gesamtverlagerung $\delta$. Der Übergang der Eingriffsgröße e von e = D/4 auf e = 3/4·D ist mit einem starken Anstieg der Stützverlagerung $\delta_{St}$ verbunden. Ihr Maximum liegt bei etwa 0,3 mm.

Schreibt man aufgrund eines höchstzulässigen Bearbeitungs-

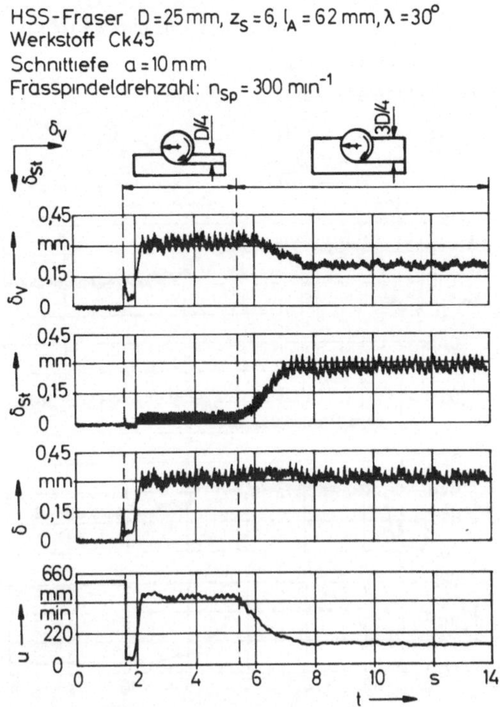


**Bild 7-6:** ACC-Betrieb: Regelung auf $\delta$ = const ohne Begrenzung von $\delta_{St}$

fehlers einen Grenzwert für $\delta_{St}$ = 0,15 mm vor - der Sollwert für die Regelung ergibt sich dabei aus der Eichkurve der Werkzeug-Spannfutter-Maschinenkombination (Bild 4-10) -, so vollzieht sich der Regelablauf in der in <u>Bild 7-7</u> dargestellten Weise.

Bei e = D/4 ist die Gesamtverlagerung $\delta$ als Regelgröße wirksam, da $\delta_{St}$ noch unterhalb des zulässigen Grenzwertes liegt. Bei Zunahme der Eingriffsgröße e stößt $\delta_{St}$ an ihren Grenzwert und bestimmt nun die weitere Festlegung der Vorschubgeschwindigkeit u. Verbunden mit der Begrenzung von $\delta_{St}$ löst sich $\delta$ von dem bisher eingehaltenen Sollwert ab. Da sich die Eingriffsgröße e nicht abrupt, sondern aufgrund des allmählich zunehmenden Schnittbogens näherungsweise in Form einer Rampenfunktion ändert, läuft der Ablösevorgang

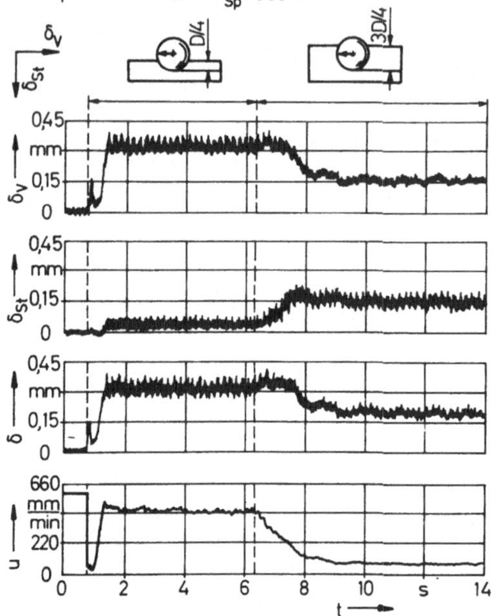



**Bild 7-7**: ACC/ACG-Betrieb: Regelung auf $\delta$ = const mit Begrenzung von $\delta_{St}$

ohne Überschwingen der Prozeßkenngröße $\delta_{St}$ ab.

Bei dem soeben betrachteten Bearbeitungsbeispiel vollzog sich der Übergang von der Regelung der Prozeßkenngröße $\delta$ zur Regelung der Prozeßkenngröße $\delta_{St}$ während des Fräsvorgangs. Die Grenzregelung arbeitet somit im ACC/ACG-Betrieb.

## 7.2.4 Regelung der Abdrängung in Stützrichtung (ACG-Betrieb)

Geht man nicht wie im eben gezeigten Fall vom Gegenlauf-, sondern vom Gleichlauffräsen aus, dann ist für die Prozeßführung, d.h. für die Festlegung der Vorschubgeschwindigkeit u von Anfang an die Prozeßkenngröße $\delta_{St}$ maßgebend,

weil beim Gleichlauffräsen die Abdrängung in Stützrichtung
auch bei Eingriffsgrößen im Bereich e = D/4 bis e = D/2 noch
oberhalb des hier gewählten Grenzwertes $\delta_{St,max}$ = 0,15 mm
liegt (vgl. <u>Bild 7-8</u>). Die Prozeßkenngröße $\delta$ hat auf die
Führung des Fräsvorgangs in diesem Fall keinen Einfluß. Die
Grenzregelung arbeitet somit als geometrische Grenzregelung,
d.h. im ACG-Betrieb.

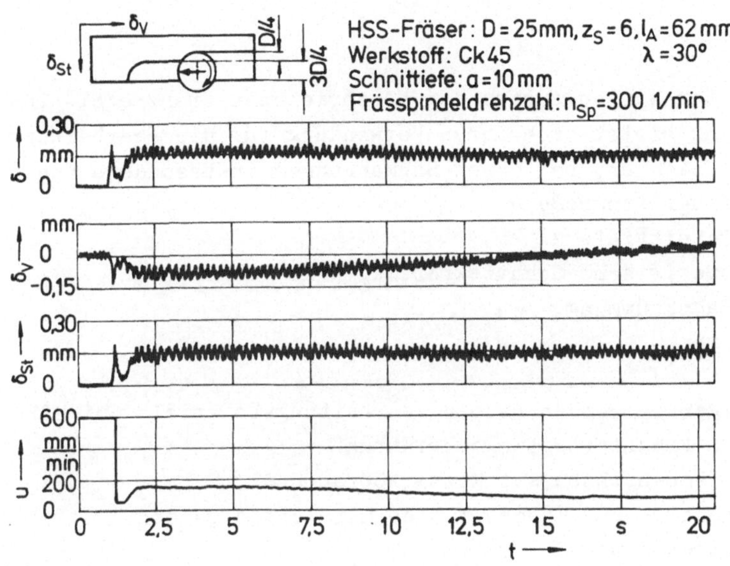


<u>Bild 7-8</u>: ACG-Betrieb: Regelung der Abdrängung in Stützrich-
              tung $\delta_{St}$

Je nach den einzuhaltenden Grenzwerten für $\delta$ und $\delta_{St}$, abhängig von dem abzuspanenden Fräsquerschnitt (a,e), sowie beein-
flußt vom Fräsverfahren (Gleichlauf-, Gegenlauf- oder Nuten-
fräsen) und vom Verschleißzustand der Werkzeugschneiden,
wird die Regelung entweder nach Maßgabe von $\delta$ bzw. $M_{B,i}$ oder
$\delta_{St}$ bzw. $M_{BSt,i}$ ablaufen, so daß ACC-, ACC/ACG- oder ACG-Betrieb möglich ist.

## 7.3 Praktische Anwendungen der Auswahl-Grenzregelung

Der Einsatz einer Grenzregel-Einrichtung ist umso vorteil-
hafter, je geringer die Kenntnis über die Bearbeitungsbedingungen vor der Bearbeitung und je größer die Veränderun-
gen der Bearbeitungsbedingungen während der Bearbeitung
sind.

Gemäß der Wirkungsweise der beschriebenen Grenzregel-Ein-
richtung bietet sich deren Verwendung für die Bearbeitung von
Werkstücken an, bei denen Schwankungen insbesondere von
- Eingriffsgröße e
- Schnittiefe a
- spezifische Schnittkraft $k_S$ und
- Bahnkrümmung
vorkommen.

Im folgenden werden hierzu Bearbeitungsbeispiele aufgeführt,
die den Fräsbearbeitungsverfahren
- Flächenfräsen mit Messerköpfen und
- Kontur- und Taschenfräsen mit Schaftfräsern
zuzuordnen sind.

## 7.3.1 Flächenfräsen von Schmiede-, Gesenk- und Gußteilen

Diese Werkstücke sind sehr häufig durch nicht konstant bleibende Eingriffsgröße, Aufmaßschwankungen und unterschiedliche Werkstoffhärte gekennzeichnet. Beim Planfräsen z.B.
ausgeschlagener Gesenke (Bild 7-9) treten wechselnde Ein-
griffsbedingungen (Geometrie) sowie unterschiedliche Ma-
terialfestigkeit auf (Änderungen des $k_S$-Wertes). Vor allem
in den Randzonen der Gravuren ist das abzutragende Material
verfestigt. Messungen an einem Bearbeitungsbeispiel ergaben
z.B. Änderungen der Zugfestigkeit des Materials im Bereich

__Bild 7-9__: Planfräsen eines Gesenkes

von $\sigma_B = (1300 \ldots 1800)$ N/mm$^2$.

Die Schneiden sind dadurch hohen mechanischen Beanspruchungen ausgesetzt. Der Sinn des Einsatzes der Grenzregelung besteht hier vor allem darin, Werkzeug und Maschine vor Überlastung zu sichern.

Beispiel 2 (__Bild 7-10__) gibt die Bearbeitung eines stark gegliederten Teils - eines Zylinderkurbelgehäuses - wieder. Bedingt durch die Zylinderbohrungen treten stark wechselnde Bearbeitungsbedingungen und damit Schwankungen des Schnittmoments auf, die durch Verstellen der Vorschubgeschwindigkeit ausgeregelt werden.

Wie der aufgezeichnete Regelvorgang wiedergibt, konnte die Hauptzeit bei der Bearbeitung mit ACC im Vergleich zu der Bearbeitungszeit ohne ACC um 30 % gekürzt werden.

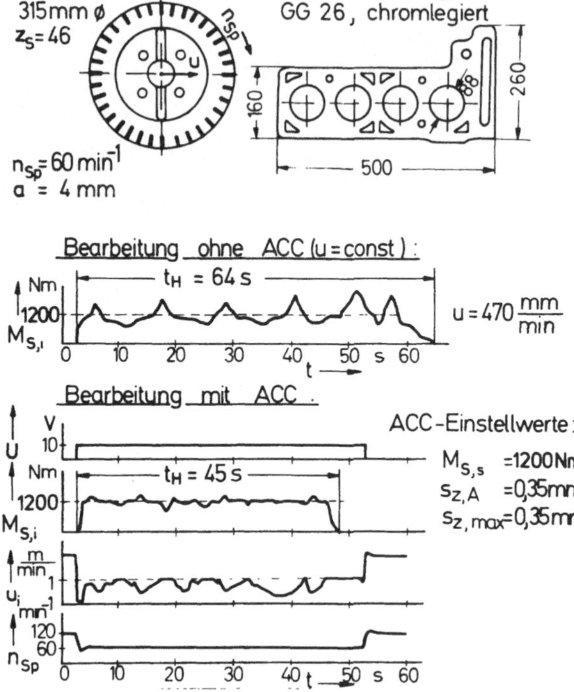


**Bild 7-10**: Fräsen eines Zylinderkurbelgehäuses mit ACC /26/

## 7.3.2 Kontur- und Taschenfräsen

Ein Beispiel für die Anwendung der Grenzregelung beim Konturfräsen ist die in **Bild 7-11** dargestellte Bearbeitung einer Turbinenschaufel mit einem Schaftfräser, die durch Änderung der Eingriffsgröße und unterschiedliche Bahnkrümmung gekennzeichnet ist.

Mit Hilfe der Grenzregelung wird beim Bearbeitungsvorgang eine weitgehend konstant bleibende Werkzeugbelastung erzielt, die im Vergleich zur Bearbeitung ohne Grenzregelung eine Verkürzung der Hauptzeit um ca. 50 % zur Folge hat.

Der Bearbeitungszeitgewinn ist an sich noch nicht als Vorteil der Grenzregelung zu werten. Aufgrund der bekannten

Geometrie des Roh- und Fertigteils sind die Störungen "Eingriffsgröße" und "Bahnkrümmung" vorhersehbar. Auch bei konventioneller Fräsbearbeitung (ohne ACC) wäre es aufgrund der Kenntnis dieser Störungen möglich, die Bahngeschwindigkeit an der Wirkstelle im Sinne einer gesteuerten Anpassung so zu beeinflussen, daß ein Grenzwert der Schnittbelastung eingehalten werden könnte.

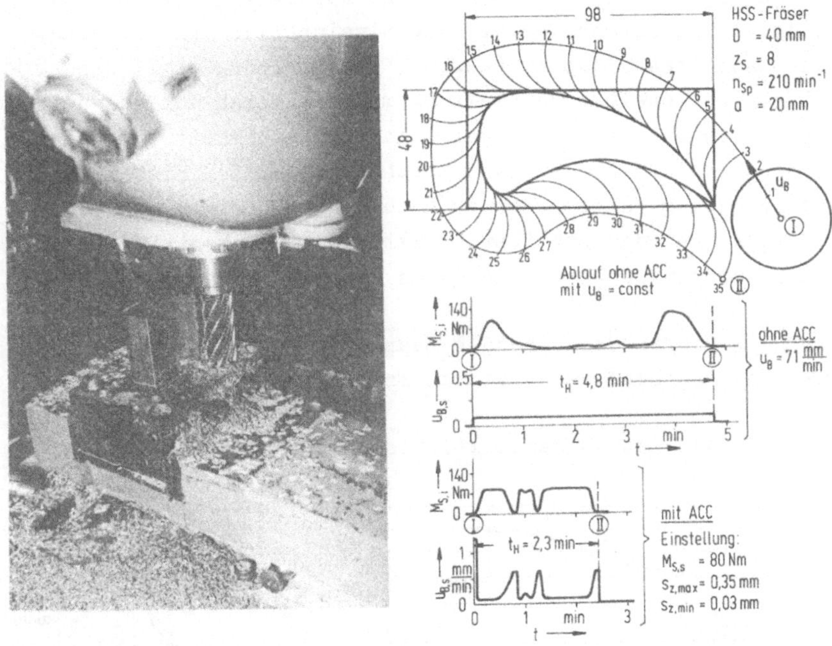


Bild 7-11: Fräsen einer Turbinenschaufel /26/

Bei NC-Steuerungen ist jedoch von Seiten der Lochstreifeneingabe eine stetige Änderung der Stellgröße Bahngeschwindigkeit nicht möglich. Änderungen der Bahngeschwindigkeit können daher nur an charakteristischen Konturstellen des Frästeils erfolgen. Dadurch erreicht man nur bis zu einem gewissen Grade eine gleichbleibende Werkzeug- und Maschinenauslastung. Zudem bleibt dabei die Auswirkung des Werkzeug-

verschleißes sowie der tatsächlichen spezifischen Schnittkraft auf die Spanungskräfte außer Betracht. Um mit Sicherheit Überlastung zu vermeiden, sind entsprechende Sicher-
heitsreserven einzukalkulieren.

Mit Hilfe einer ACC können diese Reserven besser ausgenutzt
werden. Ein wesentlicher Vorteil der ACC-geführten Bearbeitung liegt aber noch darin, daß unabhängig vom zu frä-
senden Turbinenschaufeltyp eine hinsichtlich der Werkzeug-
und Maschinenauslastung bessere Prozeßführung möglich ist.
Bei konventioneller Bearbeitung müßte nämlich der Aufwand für
die gesteuerte Korrektur der Bahngeschwindigkeit für jeden
Turbinenschaufeltyp extra erbracht werden. Der Einsatz einer
Grenzregelung führt daher auch zu einer Verringerung des
Aufwandes bei der Arbeitsvorbereitung. Gleichzeitig wird die
Sicherheit durch Überwachung des Bearbeitungsablaufs erhöht.

Ein sehr häufig vorkommendes Bearbeitungsproblem beim Kon-
tur- und Taschenfräsen ist das Fräsen von Innenecken.

In __Bild 7-12__ ist dargestellt, wie unterschiedlich die Frä-

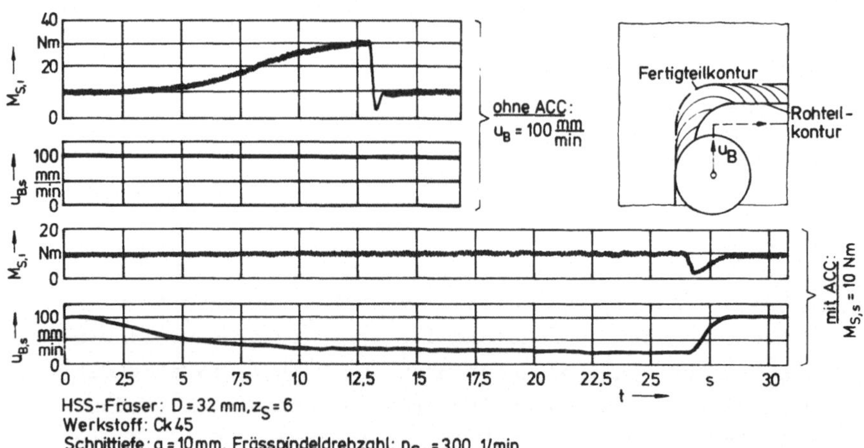


__Bild 7-12__: Fräsen einer Innenecke mit und ohne AC

serbelastung beim Fräsen einer Innenecke ausfällt, wenn die
Führung des Fräsvorgangs mit konstanter Bahngeschwindigkeit
(ohne ACC) erfolgt. Zum Vergleich ist bei denselben Fräsbe-
dingungen die sich ergebende Werkzeugbelastung und der Verlauf der Bahngeschwindigkeit beim Einsatz der Grenzregelung
wiedergegeben. Deutlich wird, daß mit der Grenzregelung ein
besserer Schutz des Werkzeugs vor Überlastung möglich ist,
allerdings bei höherer Fertigungszeit.

Bild 7-13 ist ein weiteres Beispiel aus dem Bereich des Kon-
tur- und Taschenfräsens. Es zeigt die Herstellung einer Tasche, bei der durch das vorangegangene Ausräumen der Tasche
Materialreste stehengeblieben sind, die, bezogen auf die
Fertigteilkontur, zu unterschiedlichen Eingriffsverhältnissen und dann beim anschließenden Konturschnitt zu unterschiedlicher Belastung und Abdrängung des Fräswerkzeugs
führt. Durch den Einsatz der Grenzregelung kann eine Stabilisierung der bei konventioneller Bearbeitung entstehenden
Belastungsschwankungen erreicht werden. Trotz konstant blei-
bender Fräserbelastung wird aber - wie im Abschnitt 7.2 ge-

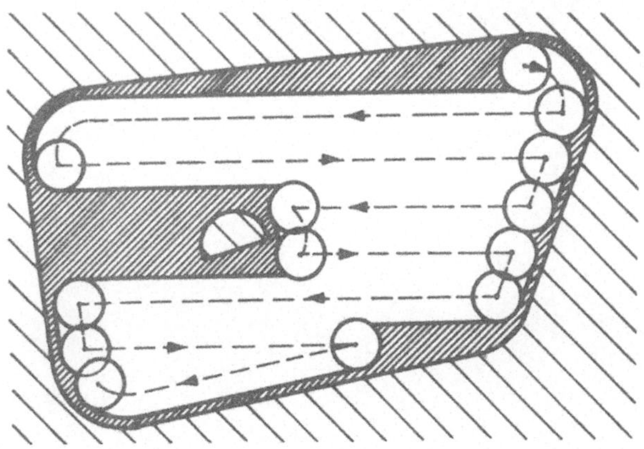

Bild 7-13: Materialreste an der Fertigkontur einer Tasche
         nach einer vorausgegangenen Schruppbearbeitung
         /30/

zeigt wurde - die senkrecht zur Vorschubrichtung auftretende Werkzeugverlagerung noch erhebliche Änderungen aufweisen, die hauptsächlich durch die unterschiedliche Eingriffsgröße bedingt sind. Durch entsprechende Wahl des Grenzwertes für die zulässige Abdrängung in Stützrichtung läßt sich beim Einsatz der in dieser Arbeit entwickelten Auswahl-Grenzregelung jedoch erreichen (s. Abschnitt 7.2), daß die die Maß- und Formgenauigkeit des Werkstücks bestimmende Abdrängung des Werkzeugs den zulässigen Höchstwert nicht überschreitet.

# 8 Zusammenfassung

Grenzregelungen an spanenden Werkzeugmaschinen haben die Aufgabe, den Bearbeitungsprozeß so zu beeinflussen, daß von Werkzeug, Werkstück und Maschine vorgegebene Belastungsgrenzen zwar erreicht, aber nicht überschritten werden.

Die Betrachtungen der technologischen Grundlagen des Fräsprozesses zeigte, daß beim Fräsen mit Messerkopffräsern die Auslastung der Werkzeugmaschine im Vordergrund steht.

Schaftfräser werden aufgrund ihrer auskragenden Einspannung unter Wirkung der Spanungskräfte aus ihrer Mittellage abgedrängt. Die in Stützrichtung entstehende Abdrängung des Schaftfräsers bewirkt Maß- und Formabweichungen am Werkstück. Diese Bearbeitungsfehler steigen mit zunehmender Auslastung an. Der Forderung nach maximaler Werkzeugauslastung kann daher nur entsprochen werden, sofern dabei nicht eine maximal zulässige Fertigungstoleranz am Werkstück überschritten wird.

Die in dieser Arbeit entwickelte Grenzregelung soll beim Messerkopffräsen zur Auslastung der Werkzeugmaschine und beim Fräsen mit Schaftfräsern zum Schutz des Werkzeugs vor Überlastung und zur Einhaltung einer geforderten Mindestbearbeitungsgenauigkeit beitragen. Für die Prozeßführung wurden als Prozeßkenngrößen das Schnittmoment als Maß für die Maschinenauslastung, das Fräserbiegemoment als Maß für die Schaftfräserbeanspruchung und die Biegemomentkomponente in Stützrichtung als Maß für die von der Fräserabdrängung verursachten Bearbeitungsfehler zugrundegelegt.

Die Grenzregelung ist als Auswahl-Grenzregelung verwirklicht. Der Bearbeitungsvorgang kann damit so geführt werden, daß jeweils diejenige Prozeßkenngröße über die Vorschub- bzw. Bahngeschwindigkeit konstant gehalten wird, die gerade ihren Grenzwert erreicht hat.

Die Ausführung einer AC-Einrichtung wird einerseits von der gewählten Regelstrategie, andererseits jedoch in hohem Maße von den meßtechnischen Möglichkeiten bestimmt.

Zur Erfassung der angegebenen Prozeßkenngrößen wurden zwei Meßkombinationen betrachtet. Im ersten Fall wird das Schnittmoment über den Hauptantrieb und die beiden anderen Größen mit einem Abdrängsensor bestimmt. Im anderen Fall dient zur Erfassung der Prozeßkenngrößen ein speziell für die Fräsbearbeitung mit Schaftfräsern entwickeltes "Meßspannfutter".

Da sich die Werkzeug-Werkstückgegebenheiten von Bearbeitungsfall zu Bearbeitungsfall stark ändern können und während der Bearbeitung mit wechselnden Schnittbedingungen zu rechnen ist, wurde für die Realisierung der Auswahl-Grenzregelung ein Regler zugrundegelegt, der nach dem Prinzip der Modellrückkoppelung arbeitet. Ausgehend vom Eingrößenregler wurden zur Realisierung des Auswahlreglers geeignete Strukturen abgeleitet, die ohne großen zusätzlichen regelungstechnischen Aufwand realisierbar sind.

Die zur Verwirklichung der Auswahlreglerstrukturen benötigten Reglerelemente wurden zusammengestellt und das Regelverhalten der Auswahl-Grenzregelung untersucht. Insbesondere wurden der Einfluß der Streckendynamik, der Modellparameter, des Zeitverhaltens der Prozeßkenngrößenerfassung und die Auswirkung eines nichtlinearen Verzögerungsgliedes und einer Minimalwertspeichereinrichtung auf das Regelverhalten der Einzelregelkreise betrachtet, sowie der Ablösevorgang bei einer Auswahl-Grenzregelung dargestellt.

Fräsversuche mit der aufgebauten Auswahl-Grenzregelung bestätigen, daß das Regelsystem einerseits zu einer Verbesserung der Auslastung des Werkzeugs und der Maschine beiträgt, andererseits aber auch sicherstellt, daß die bei der Fräsbearbeitung entstehende Abdrängung des Schaftfräswerkzeugs in Stützrichtung einen vorgegebenen Höchstwert nicht überschreitet.

Praktische Fräsbearbeitungsfälle zeigen die Anwendungsmöglichkeiten der Grenzregelung beim Messerkopf- und Schaftfräsen.

Die Einführung der in dieser Arbeit entwickelten Grenzregelung in die industrielle Fertigung eröffnet die Möglichkeit, die Leistungsfähigkeit von Werkzeug und Maschine besser zu nutzen.

# Berichte aus dem Institut für Steuerungstechnik der Werkzeugmaschinen und Fertigungseinrichtungen der Universität Stuttgart

## Herausgegeben von Prof. Dr.-Ing. G. Stute

**Bereits erschienen:**

ISW  1:  D. Schmid, Numerische Bahnsteuerung, 89 S., 1972

ISW  2:  H. Schwegler, Fräsbearbeitung gekrümmter Flächen, 111 S., 1972

ISW  3:  J. Eisinger, Numerisch gesteuerte Mehrachsenfräsmaschinen, 90 S., 1972

ISW  4:  R. Nann, Rechnersteuerung von Fertigungseinrichtungen, 125 S., 1972

ISW  5:  G. Augsten, Zweiachsige Nachformeinrichtungen, 140 S., 1972

ISW  6:  B. Karl, Die Automatisierung der Fertigungsvorbereitung durch NC-Programmierung. 121 S., 1972

ISW  7:  H. Eitel, NC-Programmiersystem, 117 S., 1973

ISW  8:  E. Knorr, Numerische Bahnsteuerung zur Erzeugung von Raumkurven auf rotationssymmetrischen Körpern, 130 S., 1973

ISW  9:  S. Bumiller, Viskohydraulischer Vorschubantrieb, 123 S., 1974

ISW 10:  K. Maier, Grenzregelung an Werkzeugmaschinen, 140 S., 1974

ISW 11:  J. Waelkens, NC-Programmierung, 160 S., 1974

ISW 12:  E. Bauer, Rechnerdirektsteuerung von Fertigungseinrichtungen, 138 S., 1975

ISW 13:  H. König, Entwurf und Strukturtheorie von Steuerungen für Fertigungseinrichtungen, 206 S., 1976

ISW 14:  H. Damsohn, Fünfachsiges NC-Fräsen, 143 S., 1976

ISW 15:  H. Jetter, Programmierbare Steuerungen, 141 S., 1976

ISW 16:  H. Henning, Fünfachsiges NC-Fräsen gekrümmter Flächen, 180 S., 1976

ISW 17:  K. Boelke, Analyse und Beurteilung von Lagesteuerungen für numerisch gesteuerte Werkzeugmaschinen, 105 S., 1977

ISW 18:  F.-R. Götz, Regelsystem mit Modellrückkopplung für variable Streckenverstärkung, 116 S., 1977

ISW 19:  H. Tränkle, Auswirkungen der Fehler in den Positionen der Maschinenachsen beim fünfachsigen Fräsen, 103 S., 1977

ISW 20:  P. Stof, Untersuchungen über die Reduzierung dynamischer Bahnabweichungen bei numerisch gesteuerten Werkzeugmaschinen, 118 S., 1978

ISW 21:  R. Wilhelm, Planung und Auslegung des Materialflusses flexibler Fertigungssysteme, 158 S., 1979

ISW 22:  N. Kappen, Entwicklung und Einsatz einer direkten digitalen Grenzregelung für eine Fräsmaschine mit CNC, 112 S., 1979

ISW 23:  H.G. Klug, Integration automatisierter technischer Betriebsbereiche, 125 S., 1978

ISW 24:  D. Binder, Interpolation in numerischen Bahnsteuerungen, 130 S., 1979

ISW 26:  L. Schenke, Auslegung einer technologisch-geometrischen Grenzregelung für die Fräsbearbeitung, 113 S., 1979

Springer-Verlag Berlin Heidelberg GmbH